中原英才计划-中原青年拔尖人才项目(2021)资助

河南省高校科技创新人才项目(22HASTIT010)资助

复合顶板采动巷道围岩破坏形态与控制技术

贾后省 著

中国矿业大学出版社

·徐州·

内 容 提 要

采动巷道绝大部分开掘在煤层中，且多为复合顶板，靠近扰动源，导致大量巷道围岩变形剧烈、支护体失效严重、冒顶事故时有发生。针对此类问题，本书以南山煤矿采动巷道为工程背景，揭示了巷道顶板各分层岩体强度、位置、厚度等对围岩塑性区隔层扩展分布的影响规律，阐明了塑性区隔层扩展分布特征与巷道冒顶高度、冒顶形态之间的内在关联，提出了基于复合顶板破裂形态特征的顶板控制方法与帮部大变形支护技术。

本书可供煤炭行业地质从业人员及相关科研人员学习借鉴，也可供高等院校相关专业师生参考。

图书在版编目(ＣＩＰ)数据

复合顶板采动巷道围岩破坏形态与控制技术 / 贾后省著. —徐州：中国矿业大学出版社，2023.6

ISBN 978-7-5646-5687-4

Ⅰ. ①复… Ⅱ. ①贾… Ⅲ. ①巷道围岩－岩石破坏机理－研究 Ⅳ. ①TD322

中国版本图书馆 CIP 数据核字(2022)第 255733 号

书 名	复合顶板采动巷道围岩破坏形态与控制技术
著 者	贾后省
责任编辑	陈红梅
出版发行	中国矿业大学出版社有限责任公司
	(江苏省徐州市解放南路 邮编 221008)
营销热线	(0516)83884103 83885105
出版服务	(0516)83995789 83884920
网 址	http://www.cumtp.com E-mail：cumtpvip@cumtp.com
印 刷	徐州中矿大印发科技有限公司
开 本	787 mm×1092 mm 1/16 印张 9 字数 166 千字
版次印次	2023 年 6 月第 1 版 2023 年 6 月第 1 次印刷
定 价	40.00 元

(图书出现印装质量问题,本社负责调换)

前　言

　　巷道是井工煤矿开采的必要通道,而巷道围岩的稳定与否直接影响着煤矿的安全高效生产。我国煤矿每年新掘巷道长度约为 12 000 km,其中 90% 以上为采动巷道,规模巨大,居世界第一位。在煤矿五大灾害中,无论是死亡人数,还是事故起数,冒顶事故一直占据着首位,使矿井可持续发展受到严重威胁。在工程实践中,巷道顶板大变形、围岩剧烈破坏、支护材料损坏等现象通常被视为引发冒顶的重要原因,此类巷道顶板岩层强度一般相差不大,其变形破坏也多为渐变式。然而,巷道围岩一般具有复合顶板特点,导致其围岩破裂形态出现不规则特点。当复合顶板中存在与邻近岩层力学性质相差较大的软弱夹层时,巷道顶板软弱夹层时常出现与邻近岩层不同步的变形破坏,容易引发巷道顶板整体破裂、造成支护失效,甚至导致巷道冒顶。尤其在采动影响作用下,巷道顶板的潜在破裂高度更大,软弱夹层的存在会加剧巷道冒顶风险。本书以南山煤矿复合顶板回采巷道为工程背景,采用理论分析、数值模拟和现场试验等综合研究方法,围绕复合顶板采动巷道矿压显现特征、复合顶板采动巷道顶板变形破坏机理、复合顶板采动巷道顶板稳定性控制、复合顶板采动巷道帮部围岩稳定性控制等方面进行了系统阐述。

　　首先,介绍了南山煤矿回采巷道复合顶板特征和矿压显现特征。其顶板主要为粉砂岩、细砂岩、砂质泥岩,巷道顶板上方 2.0 m 左右位置处存在一定厚度的软弱砂质泥岩层,对顶板整体稳定影响巨大。回采巷道掘进期间,顶板完整性较好,未见明显的变形破坏;采动影响期间,大部

— 1 —

分区域巷道顶板发生了少量变形和局部破裂。从表面上看,巷道顶板整体较为稳定,然而冒顶事故时有发生,巷道帮部锚杆破断频繁,多数 $\phi 20\ mm \times 2\ 000\ mm$ 左旋无纵肋螺纹钢锚杆出现拉伸状态下的剪坏,影响了巷道安全与正常服务。

针对这种特殊的巷道矿压现象,以巷道蝶形塑性区理论为基础,本书系统研究了复合顶板采动巷道围岩破坏规律,揭示了复合顶板采动巷道的冒顶机理,发现巷道顶板软弱夹层极易出现破坏,并伴有强烈的膨胀变形压力作用于下位坚硬岩层,软弱夹层厚度越大,其破坏产生的挤压作用越剧烈,对下位坚硬岩层影响越显著。因此,顶板深部软弱夹层塑性区穿透分布致使下位坚硬岩层发生断裂破坏是冒顶的内在原因,锚杆(索)破断或锚固失效、不能阻止破碎岩石垮落则是冒顶的外在原因。

当顶板不含明显软弱夹层时,顶板破坏遵循传统理论认识的"递次破坏"特点,可考虑一般的地质影响因素,并借鉴常规梁模型进行分析。当顶板含明显软弱夹层时,顶板软弱夹层破裂分布与夹层下位坚硬岩层物理力学性质决定着巷道顶板整体的稳定性。据此,本书通过建立巷道含软弱夹层顶板稳定性力学模型、引入应力强度因子,从而探究软弱夹层破裂区分布、支护力与下位坚硬岩层稳定性的内在联系,即巷道顶板整体的破裂形态主要取决于软弱夹层厚度、破坏状态及其下位坚硬岩层物理力学性质。

其次,提出了基于复合顶板破裂形态特征的顶板控制方法。第一,锚杆(索)自由端长度大于软弱夹层破裂区的上边界,是要求锚杆(索)锚固于顶板坚硬岩层中,从而有效抑制软弱夹层破裂区的扩展;第二,现有技术条件可提供的支护力一般不能阻止下位坚硬岩层破断,锚杆(索)需具备一定的延伸性能或长度,以适应顶板整体破裂所引起的变形;第三,浅部顶板锚杆与辅助材料支护应有一定的支护密度和护表能力,以防止浅部破碎顶板的小型冒顶与局部漏顶。据此,本书对南山煤矿回采巷道进行了支护设计优化和效果监测,试验结果表明该支护对策能够有效维持巷道顶板稳定。

最后,在分析复合顶板采动巷道围岩破裂规律的基础上,进一步厘清了巷帮大范围的塑性破坏是产生围岩大变形、造成支护体损坏的本质原因。在现有工程技术条件下,支护阻力的增大难以实现对于巷道围岩塑性破坏的有效控制,这就需要人们研发一种高延伸性组合锚杆。该锚杆具有足够的延伸性和抗剪能力,能够保证帮部大变形条件下锚杆不发生破断,并且能够持续提供较高支护阻力,可最大限度地遏制巷道帮部大变形破坏,同时可在巷道扩帮施工后继续使用,不仅简化了扩帮施工工艺,而且提高了锚杆利用率。

本书不仅为复合顶板采动巷道支护参数设计和冒顶预警提供了更加科学的借鉴,而且为矿山、水利、交通等领域的巷(隧)道围岩控制和灾害预控提供了新思路,也是采动巷道围岩破坏理论和控制方法的有益补充。

本书部分研究成果得到了中原英才计划-中原青年拔尖人才项目(2021)、河南省高校科技创新人才项目(22HASTIT010)的资助,特此感谢。

由于作者水平有限,书中不妥之处在所难免,恳请专家、同行批评指正。

著　者

2022 年 9 月

目　录

第1章

绪　论

复合顶板采动巷道围岩控制问题一直是国内外巷道支护的难题。本章简要地回顾和分析了塑性区理论、围岩控制理论及技术的适用性,并且结合山西南山煤矿采动巷道的变形破坏特征、冒顶事故和帮部大变形,将复合顶板采动巷道塑性区隔层扩展分布特征与巷道冒顶高度、冒顶形态之间的内在关联以及巷道帮部大变形机理作为本书阐述的重点;同时,对复合顶板采动巷道围岩塑性区分布、复合顶板采动巷道围岩破坏机理、复合顶板采动巷道围岩控制技术等方面的相关研究现状进行了简要的阐明和论述。

1.1　问题的提出

煤炭是我国的主体能源和重要的工业原料,并且在我国一次能源生产和消费结构中的占比一直保持在 50% 以上,为国民经济和社会长期平稳较快发展提供了可靠的能源保障,也做出了历史性贡献[1-5]。

我国境内 95% 的煤矿是井工煤矿,其主要特点如下:作业环境差,劳动强度大,地质条件复杂,经常受到顶板、瓦斯、矿尘、水、火等灾害的威胁;井下生产是多工种、多方位、多系统交叉作业,生产工艺复杂;安全装备水平低、员工素质不高等。上述这些不安全因素,在一定条件下就有可能引发煤矿事故。顶板事故是煤矿常见五大灾害之一,是指在地下采煤过程中,由于顶板意外垮落造成的人员伤亡、设备损坏、生产中止等事故。在实行综采之前,顶板事故在煤矿事故中占有很高的比例。随着液压支架的使用及对顶板事故的研究和预防技术的深入,尽管顶板事故所占比例有所下降,但仍然是煤矿的主要灾害之一[6-8]。其中,复合顶板采动巷道围岩控制一直是制约煤矿安全开采的一个重要因素。

在我国煤矿每年新掘巷道中,复合顶板巷道所占比例近2/3。复合顶板是指位于开采煤层之上,由1层以上薄层状软弱岩石互层组成,一般含有1层及以上煤线,局部含较薄硬岩层,层间黏结力低,弱面发育,总体呈层状松散结构,巷道开挖后易于离层垮落的顶板。复合顶板巷道由于采掘过程中围岩变形量大、顶板垮冒突发性强、支护难度大等复杂条件成为煤矿现场亟待解决的问题之一。随着复合顶板巷道也越来越常见,其围岩稳定性控制问题也会更加突出,如何有效地分辨复合顶板类型并采取行之有效的支护手段,对于矿井的安全高效开采有着十分重要的意义[9-11]。

近年来,随着理论与技术的不断革新以及我国对煤炭资源需求的增长,矿井工作面也逐步形成了多次采动、大采出空间、快速推进等高强度开采特点[12-13]。采动巷道受载条件复杂,不但受原岩应力的作用,而且还受到邻近工作面开采以及本工作面开采形成的采动影响,围岩应力集中现象十分严重。此时,巷道围岩塑性区为蝶形塑性区,矿压显现通常表现为冒顶、底鼓以及帮部大变形等现象,如图1-1所示。

本书以山西南山煤矿采动巷道为工程背景,进行了巷道围岩破坏形态和控制方法方面的研究。该矿巷道顶板主要为粉砂岩、细砂岩、砂质泥岩、细砂岩,其破坏后的力学行为表现出典型的复合顶板特征。在工作面回采过程中,由于受到剧烈采动影响,巷道围岩非对称变形明显,帮部支护失效,顶板冒顶隐患大等问题较为严重。南山煤矿2303回风平巷顶板表面看似完整性较好,但在工作面回采过程中出现过一次冒顶事故,事故发生前没有明显征兆,造成工作面停工停产,带来了较大的经济损失。

依据巷道围岩蝶形塑性区理论,在厘清复合顶板采动巷道塑性区隔层扩展分布特征与巷道冒顶高度、冒顶形态之间的内在关联的同时,应掌握巷道帮部大变形机理,提出具有针对性的围岩控制措施,尽可能遏制围岩大变

(a) 帮部大变形   (b) 冒顶

(c) 底鼓   (d) 围岩大变形

图 1-1　煤矿巷道常见矿压显现

形带来的安全隐患;同时,解决上述难题不但能进一步完善和发展复合顶板巷道围岩破坏机理和控制方法,而且为今后类似矿井围岩控制提供了思路和方法借鉴。

1.2　国内外研究现状

针对复合顶板采动巷道围岩塑性区分布、复合顶板围岩破坏机理以及控制技术,国内外学者进行了大量研究,取得了诸多行之有效的成果,为复合顶板采动巷道围岩控制与支护参数设计的科学化做出了重要贡献。

1.2.1　巷道围岩塑性区分布研究现状

从本质上掌握巷道围岩破裂机理是进行科学支护设计的基础和关键,国内外多位学者对巷道围岩塑性变形破坏问题进行了大量的研究工作,取得了丰富的研究成果。

1.2.1.1 传统塑性区理论

理论与实践均已证明,巷道围岩塑性区大小不仅是决定其稳定性的重要因素,而且也是支护设计的重要依据。早在 20 世纪 30 年代,芬纳(Fenner,1938)率先推导出了地下硐室塑性区半径与应力的芬纳公式。Kastner[14]依据经典的理想弹塑性理论,采用图 1-2 理想弹塑性计算模型,以 Mohr-Coulomb 强度准则(以下简称 M-C 准则)为极限平衡条件将该公式完善为著名的 Kastner 公式[14-15],见式(1-1)。

$$\begin{cases} R_0 = a\left[\dfrac{(p_0 + c \cdot \cot \varphi)(1 - \sin \varphi)}{p_i + c \cdot \cot \varphi}\right]^{\frac{1-\sin \varphi}{2\sin \varphi}} \\ u_0 = \dfrac{\sin \varphi}{2Ga} \times (p_0 + c \cdot \cot \varphi)R_0^2 \end{cases} \tag{1-1}$$

式中　　R_0——塑性区半径;

　　　　a——巷道半径;

　　　　p_0——原岩应力;

　　　　p_i——支护阻力;

　　　　c——岩石黏聚力;

　　　　φ——岩石内摩擦角;

　　　　u_0——巷道周边位移;

　　　　G——围岩剪切模量。

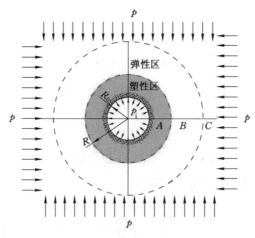

图 1-2　理想弹塑性计算模型

于学馥等[16-18]基于古典地压理论、散体理论,提出了轴变论理论。该理论认为,巷道围岩稳定的轴比与巷道围岩地应力直接相关,地应力是导致巷道围岩变形和破坏的根本原因。巷道在破坏的过程中轴比改变与应力改变同时进行,应力均匀分布时巷道围岩内的最大应力值变为最小,拉应力并未出现,这时它的形状是椭圆形。围岩的自承能力并未随着围岩强度的软化而降低,直至岩体强度达到残余强度时,围岩丧失自承能力。图 1-3 为该理论下巷道受力条件示意图。

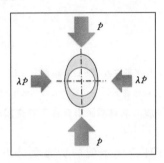

图 1-3 巷道受力条件示意图

董方庭等[19-21]通过相似模拟试验建设性地提出了松动圈支护理论,松动圈支护理论中对巷道围岩存在的松动圈做了阐述和分类,并且依据有关理论确定了首次支护与二次支护的间隔时间,详细说明了控制围岩的变形是巷道围岩支护的研究重点,指出围岩变形的强弱取决于支护结构的难易。因此,支护结构的增强对复杂矿区巷道治理显得日益重要。松动圈理论为现场的施工和理论方法的研究提供了基础,并且通过总结现场经验和理论计算验证了其正确性。均质与非均质围岩条件下巷道围岩松动圈如图 1-4 所示。

另外,有很多学者结合材料力学中的 M-C 准则、Drucker-Prager 屈服准则(以下简称 D-P 准则)、SMP 破坏准则和统一强度理论等,以弹塑性和黏弹性力学为基础,对围岩塑性区分布进行了研究和应用。

常帅斌等[22]首先针对隧道开挖围岩产生塑性屈服的应力条件变化及稳定性问题,根据隧道围岩的平衡条件和统一强度理论塑性条件,求解并得到了圆形巷道的径向应力和环向应力;其次分析了平面应变条件下统一强度理论的强度参数及围岩支护压力与半径之间的关系;随后探讨了平面应变

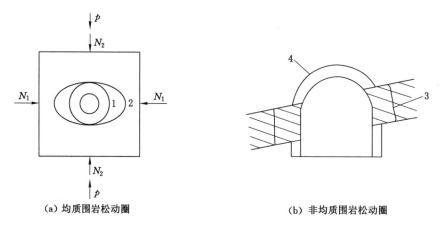

（a）均质围岩松动圈　　　　　　　（b）非均质围岩松动圈

1—垂直应力与水平应力相等；2—垂直应力大于水平应力；

3—软岩松动圈；4—硬岩松动圈；p—主应力；N_1—水平应力；N_2—垂直应力。

图 1-4　均质与非均质围岩条件下巷道围岩松动圈

下主应力参数和统一强度理论次主剪应力系数变化条件下圆形能道围岩径向应力和切线应力随径向半径的变化规律分布；最后考虑了支护压力和平面应变统一强度理论中主应力参数和次主剪应力系数对塑性域半径的影响，得到了引入中间主应力参数的塑性计算结果更加符合实际。

经来旺等[23-26]采用基于岩体蠕变特性的以长期强度作为峰值应力的3阶段应变软化模型，将巷道围岩分为理想弹性区、塑性软化区和破碎区；基于 SMP 准则，考虑围岩蠕变、峰后扩容和塑性软化的影响，推导出静水压力作用下的深部巷道围岩各分区应力、变形和半径的解析解。

Osgoui 等[27]基于均质化的概念研究了注浆锚杆加固岩石巷道的作用机理，提出了等效塑性区的概念，围绕等效塑性区尺寸进行加固巷道围岩的锚杆支护设计。

Pan 等[28]认为，由于初始应力状态不同于静水压力状态，初始应力沿着塑性区扩展方向的分量更小，这样只有在双向等压条件下的圆形巷道，其对称的塑性区才可以存在。

文献[29-31]探讨了不同侧压力系数和轴向应力条件下的硐室围岩破坏模式，探究中间主应力对硐室稳定性的影响以及深部岩体分区破裂化现象的产生条件和破裂规律等。

1.2.1.2　蝶形塑性区基本理论

　　马念杰等[32]采用数值模拟分析方法研究了非均匀应力场条件下圆形巷道和矩形巷道的围岩塑性区分布(塑性区呈现"＊"形、半"＊"形分布特征)，初步探讨了特定条件下塑性区的蝶形形态。马念杰团队获得了巷道周围的"蝶形塑性区"理论公式。该理论是对卡斯特奈的塑性区理论的进一步完善(图1-5)，实现了非均匀应力场条件下理论上的飞跃，认为围岩的偏应力张量是产生不规则塑性区的根本原因；同时，该理论还论述了巷道围岩蝶形塑性区的基本几何特征和影响因素[33-35]。

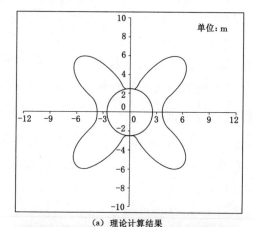

(a)　理论计算结果

(b)　数值计算结果

图1-5　蝶形塑性区理论计算与数值计算结果

此外,基于蝶形塑性区基本理论,针对巷道围岩塑性区形态影响因素,诸多学者从不同方面进行了研究,取得了丰富的研究成果。赵志强[36]、郭晓菲等[37]、冯吉成等[38]、周府伟[39]、吕坤[40]分别探讨了影响蝶形塑性区分布的关键因素,发现按影响蝶叶扩展程度大小依次为:侧压系数最大,埋深次之,接着是巷道半径、内摩擦角和黏聚力。刘迅等[41]、黄聪等[42-43]、王卫军等[44]对巷道围岩应力状态与塑性区形成及扩展之间的关系进行了分析,认为巷道围岩蝶形塑性区的偏转是由最大主应力方向的偏转所致。贾后省等[45]、马念杰等[46]、杨佳楠等[47]、闫振雄[48]、郭晓菲等[49]分别以弹塑性力学中的圆孔应力解和塑性力学的偏应力理论为基础,研究了围岩偏应力场和塑性区分布规律,得到了侧压系数对巷道围岩塑性区形态的影响。刘迅等[50]、袁越等[51]、袁超等[52]分别分析了深部巷道围岩塑性区形态与巷道周边位移的规律,推导出不同塑性区形态的判定准则。

1.2.2 巷道围岩破坏机理研究现状

巷道围岩变形破坏本质上是由围岩塑性区的形成和发展引起的,而塑性区范围决定了围岩的破坏程度。为此,国内外学者在巷道破坏机理、顶板稳定性方面做了大量的研究工作。

1.2.2.1 复合顶板采动巷道顶板破坏机理

从支护技术因素研究复合顶板采动巷道顶板破坏机理,侯朝炯等[53]、勾攀峰等[54]通过分析巷道围岩破坏特征,得出巷道冒顶源于锚固体发生破坏,凭借顶板失稳模型提出了顶板稳定性分析的判定准则。袁永等[55]对浅埋烧变岩区斜井的冒顶机理、冒顶区修复与二次掘进围岩稳定性控制进行了研究,指出烧变岩区围岩破碎、顶板渗水影响、支护强度低及掘进循环步距大是导致斜井发生冒顶事故的主要原因。

通过巷道断面形状因素研究复合顶板采动巷道顶板破坏机理,庞振忠等[56]通过研究分析原断面方案下巷道围岩失稳垮落原因,确定了以断面形式计算合理的断面参数来解决掘进巷道垮落问题,得到了不同巷道断面的变形情况均表现为"急速变化—缓慢变化—趋于平稳"的变化过程,直墙半圆拱形巷道较原矩形巷道围岩变形量减小,在垮落区将巷道断面改为拱形断面可提高围岩的长期稳定性。董红娟等[57]、李小裕等[58]对不同形式的断面进行数值模拟研究,得到了不同巷道断面形状下围岩破坏情况,拱形断面巷道的抗变形能力要远优于梯形断面巷道;梯形断面巷道的抗变形能力要远优于矩形断面巷道。

从煤岩体特征因素研究复合顶板采动巷道顶板破坏机理中,Sofianos等[59]应用 UDEC 离散元软件探究了复合顶板巷道坚硬岩层厚度对于顶板整体稳定性的重要性,认为坚硬岩层厚度越大,顶板稳定性越好。

Molinda[60]指出,含软弱塑性黏土及煤层是直接顶弱化的主要原因,而平行于滑移面的横向软弱夹层则是复合顶板破坏的主要原因。

在以巷道蝶形塑性区理论为主线,诸多学者从围岩应力方面对复合顶板采动巷道顶板破坏机理进行研究,取得了丰硕的成果。

李季等[61]、贾后省等[62-63]、赵志强等[64]、袁越等[65]以巷道蝶形塑性区理论为主线,从巷道围岩主应力的大小、比值和方向研究了采动巷道应力场环境特征,揭示了采动巷道应力场环境特征与冒顶的内在联系。

郭晓菲[66]研究了采动应力场中巷道围岩塑性区的形态演化规律及其扩展方向规律;基于不同形态塑性区的力学特征,建立了塑性区形态与巷道围岩稳定性之间的定性关系,确定了以塑性区形态及其扩展来作为巷道蝶形冒顶风险的方位判据。

李臣等[67]、越志强等[68]、Guo 等[69]、镐振[70]、曹光明等[71]、刘洪涛等[72]通过研究围岩塑性区发展中触发事件的诱导作用,使得巷道区域应力场突然发生某种改变,从而导致塑性区形态特征改变以及围岩蝶形冲击地压的发生。

1.2.2.2 复合顶板采动巷道帮部破坏机理

针对复合顶板采动巷道帮部破坏机理研究,诸多学者就围岩应力环境变化与围岩塑性区分布特征之间的联系展开了深入研究。

张辉[73]根据巷道围岩受力特征,利用毕肖普条分法的基本原理建立了倾斜煤层沿顶掘进回采巷道上帮煤体失稳滑移力学模型,推导出上帮煤体稳定性安全系数计算公式,得出了上帮煤体失稳滑移机理、失稳滑移特征及失稳滑移区域的大致位置。据此,人们可以确定不同情况下合理的锚杆支护参数。

冯友良[74]基于煤巷开挖围岩应力分布特征分析巷帮破坏机制及其影响因素,分析了煤巷开挖围岩垂直与水平应力分布规律及巷帮高度的影响,围岩应力变化全过程;构建了开挖卸荷应力路径下巷帮破坏机制理论模型,将受卸荷应力作用的巷帮煤体分为破裂区、塑性区及弹性区;推导了巷帮煤体破裂区及塑性区应力、破裂区宽度、非弹性区范围及水平位移的解析表达式。研究表明,得出来开挖将导致巷帮一定范围内煤体所受垂直应力增加,水平应力不断降低,二者之间差值不断加大,围岩逐渐由三向受压变为只有两向受压,应力平衡状态被打破,变形破坏将会发生。

殷帅峰等[75]研究了不同的最大主应力方向、断面尺寸等条件下巷道围岩稳定性,揭示了最大主应力分别为水平应力和自重应力情况下巷道围岩的破坏情况。

范祥祥[76]分析了巷道帮部锚杆支护间距以及锚杆长度对附加应力的影响,得到了锚杆间距是影响附加应力叠加的主要因素,其次是锚杆长度、预紧力、岩性、埋深、巷道横截面积等。锚杆间距越小附加应力叠加得越明显,组合拱越容易形成,对巷道稳定越有利。

张延伟等[77]、贾后省等[78]以"巷道蝶形塑性区理论"为依托,分析了采动巷道围岩周边应力环境特征及其作用下的变形破坏形态。剧烈采动导致围岩周边主应力的方向随之偏转,所以巷帮出现较大的塑性破坏深度,并且最大巷帮破坏深度偏向于巷帮中部,造成支护体损坏。

1.2.3 巷道围岩控制理论与技术研究现状

复合顶板采动巷道围岩控制一直是巷道支护研究的热点和难点。康红普院士指出,巷道围岩控制的目的主要有两个:一是保持围岩稳定,避免顶板垮落、巷帮片落,保证巷道安全;二是控制围岩变形,保证巷道断面满足生产要求。基于上述目的,国内外学者在巷道围岩控制理论与技术方面进行了诸多研究,取得了行之有效的支护理论与技术,为巷道支护日益科学化与合理化做出了重大贡献。

1.2.3.1 巷道围岩控制理论研究现状

(1)控制围岩松动载荷

董方庭等[79]基于多年对围岩松动圈的研究成果,指出地应力与围岩的相互作用会产生大小不同的围岩松动圈;松动圈扩展过程中产生的碎胀力及其所造成的有害变形是巷道支护的主要对象;松动圈尺寸越大,巷道收敛变形也越大,支护越困难。而在现场条件下,支护对松动圈的影响并不明显。该原理将支护与围岩看作独立的两部分,在不考虑支护的条件下,分析并得出了围岩破坏范围,包括松动岩块、垮落拱、塑性区、破碎区、松动圈等,认为破坏范围内围岩自重是需要支护控制的载荷,以此进行支护参数设计。该原理认为,支护对围岩的破坏范围没有影响或影响很小,支护只是被动地承受围岩松动载荷。

(2)控制围岩变形

该原理将支护对巷道表面的作用简化为均布的压应力(锚杆也可简化为一对力,分别作用在巷道表面和围岩内部),采用弹塑性、黏弹塑性理论等,分析有支护时的围岩应力、位移及破坏范围,研究支护载荷与巷道表面位移的关系,得出支护压力-围岩位移曲线,进而确定合理的支护载荷、刚度及时间,如图 1-6 所示[80]。图中 ABCDE 为围岩特性曲线,F、G 代表支架设置时的位移量,1、2、3、4 分别代表不同支护刚度、时间的支护线,显然支护线 2 是比较合理的。

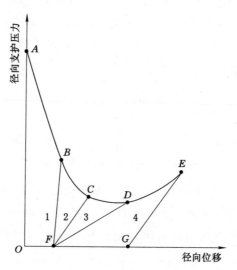

图 1-6 巷道支护压力-位移曲线

(3)在围岩中形成承载结构

该原理主要是针对锚杆支护提出的,它将支护与围岩看作有机的整体,二者相互作用、共同承载。支护的作用主要是在围岩中形成一种结构(组合梁、加固拱、承载层等),充分发挥围岩的自承能力,实现以围岩支承围岩。

新奥法概念是奥地利学者拉布西维兹(L. V. Rabcewicz)教授于 20 世纪 50 年代提出的。该方法以隧道工程经验和岩体力学的理论为基础,是一种将锚杆和喷射混凝土组合在一起并作为主要支护手段的施工方法,经过一些国家的许多实践和理论研究,于 20 世纪 60 年代取得专利权并正式命名。文献[81-84]在对大量巷(隧)道工程实例与施工方法进行归纳总结,提出了新奥法支护理论。该理论认为,岩体本身是巷道围岩得以稳定的核心承载体,在施工过程中应第一时间对掘出的巷道进行封闭支护,并在围岩变形破坏趋于稳定的条件下进行二次修筑衬砌,形成支护体与围岩岩体统一承载体,以充分发挥围岩的自承载能力来控制岩体的变形,从而提高支护体系的安全度。

(4)改善围岩力学性质

该原理主要是针对锚杆支护与注浆加固提出的。侯朝炯等[85]提出的锚杆支护围岩强度强化理论,认为围岩中安装锚杆后可不同程度地提高其力学性能指标,改善围岩力学性质,尤其是对围岩的峰后力学特性有更明显的作用。注浆加固不仅可以提高结构面的强度和刚度及围岩整体强度,还可以充填压密裂隙、降低围岩孔隙率;同时,注浆加固还可以封闭水源、隔绝空气,从而减轻水、风化对围岩强度的劣化[86]。

(5)应力控制

巷道围岩变形与破坏是围岩应力与围岩强度、刚度相互作用的结果。如果能够降低围岩应力,将会有效改善围岩应力状态,提高围岩的稳定性,这就是应力控制法的基本原理。应力控制原理主要有 3 种形式:一是将巷道布置在应力降低区,从根本上减小围岩应力;二是将围岩浅部的高应力向围岩深部转移,保护浅部围岩的同时充分发挥深部围岩的承载能力;三是减小围岩应力梯度,尽量使围岩应力均匀化,避免局部高应力区破坏导致围岩整体性失稳。

1.2.3.2 巷道围岩控制技术研究现状

基于我国煤矿巷道围岩条件及对围岩控制原理的认识,可引进、研发出不同类型的巷道围岩控制技术。按围岩控制部位和原理,可分为以下 5 种类型:

(1)巷道围岩表面支护型

在巷道表面施加约束力控制围岩变形的支护,包括:各种支架、支柱支护,喷射混凝土支护、浇注混凝土支护,砌碹支护等。

高延法等[87]针对深井软岩及动压巷道支护难度大,传统的支护方式已难以满足需要的问题,研发了钢管混凝土支架,试验支架采用 ϕ140 mm×4.5 mm 钢管和 C40 混凝土,由 4 段构成,接头采用套管连接。在侧向约束、纵向点载荷加压条件下,实验室测试试验支架的极限承载力为 1 504.1 kN,纵向极限压缩变形为 82.65 mm,破坏方式为钢管材料屈服破坏。与 U 形钢支架相比,钢管混凝土支架支护反力大、性价比优越。

王琦等[88]针对处于深部、高应力、构造破碎带等条件下的困难支护巷道,提出了方钢约束混凝土(SQCC)新型支护体系;并且对其主要组成部分方钢约束混凝土拱架进行了深入研究,推导出任意节数直腿半圆形拱架的内力计算公式;结合工程实际计算出现场采用的 4 节拱架在均布载荷作用下的应力分布,得到应力最大的部位为拱腿上部和拱顶;通过 SQCC 构件强度分析对可能的关键部位进行校核,得到拱架均压作用下最先破坏的部位为拱腿上部,而拱架的极限承载力为 1 315 kN。

我国早在 20 世纪 50 年代就开始研究喷射混凝土技术,并且在煤矿开采过程中进行试验应用。该技术不仅可以封闭围岩、防止风化,而且能够与围岩紧密黏结,起到径向支撑和传递剪应力的作用[89-90]。通过科研人员不断的研究,喷射混凝土技术在喷射材料、工艺及设备方面均取得很大进展,并且开发出多种专用喷射混凝土水泥、合成水泥,以及多种高效速凝剂、减水剂等;从普通喷射混凝土发展到钢纤维、塑料纤维增强喷射混凝土,显著地提高了喷射混凝土的力学性能;喷射混凝土工艺从干式喷射、潮式喷射发展到湿式喷射,提高了施工质量与效果。

砌碹支护是一种传统的支护方式,主要用于大巷、硐室及交叉点等地段。砌碹支护分为料石砌碹、混凝土块砌碹、装配式钢筋混凝土弧板支架、现浇(钢筋)混凝土等形式。随着其他支护方式,特别是锚杆、锚索支护的大量推广应用,砌碹支护的用量越来越少。但是,对于井下"马头门"、水泵房等特殊工程,现浇(钢筋)混凝土支护有其独特的优势,工程上还在继续使用着。

(2) 巷道围岩锚固型

支护构件不但作用在巷道表面，而且能够深入围岩内部，以加固围岩为主，包括锚杆与锚索支护。我国煤矿从 1956 年开始就在巷道中使用锚杆支护。几十年来，锚杆支护技术发生了很大变化，实现了跨越式发展[91]。

① 从辅助支护发展到主体支护。锚杆支护试验应用初期，只单独应用于非常简单的条件，常常作为一种辅助支护与金属支架联合使用，而且所占比例很小。直到 20 世纪 90 年代初，我国煤巷支护仍以型钢支架为主，锚杆支护所占比例在 10% 以内。1996 年，我国引进了澳大利亚锚杆支护技术，并进行了配套研发及示范工程，有力地促进了我国煤矿锚杆支护技术的快速发展。进入 21 世纪，针对我国复杂、支护困难巷道的特点，继续进行了连续不断的技术攻关，形成了具有中国特色的锚杆支护成套技术。目前，锚杆支护已从过去的辅助支护发展成为我国煤矿巷道的主体支护，锚杆支护率平均达到 75% 以上，有的矿区几乎全部采用了锚杆支护。

② 从低强度、被动支护发展到高预应力、高强度、主动支护。早期的金属锚杆杆体大多采用普通 Q235 圆钢制成，杆体直径小（14～18 mm），拉断载荷低（50～100 kN），采用端部锚固，强度和刚度均很低，不重视预应力，基本属于被动支护，支护效果差，适用范围小。随后，锚杆杆体材料改为螺纹钢，经历了"普通建筑螺纹钢—右旋全螺纹钢—锚杆专用左旋无纵肋螺纹钢"的发展过程。通过开发锚杆专用高强度钢材和普通螺纹钢热处理，大幅提高了杆体强度，同时保持了足够的伸长率和冲击韧性。另外，在提高锚杆强度的同时，大幅提高了锚杆预应力，真正实现了锚杆的主动支护[92]。近年来，为了解决煤矿锚杆支护材料存在的问题，吴拥政等[93]开发了矿用预应力钢棒支护成套技术，包括钢棒材料、锚具、构件、锚固方式、施工工具及技术等；通过试验得出钢棒的屈服强度不低于 1 140 MPa，抗拉强度不低于 1 270 MPa，延伸率大于 15%，冲击吸收功不低于 30 J，开发了与钢棒强度匹配的托板及锚具，锚杆预应力大幅提高，锚杆主动支护作用得到进一步提高。

③ 从端部锚固发展到加长、全长锚固。早期锚杆的锚固方式主要是楔缝式、倒楔式、涨壳式等机械锚固，锚固力低，可靠性差。1974—1976 年，我国研制并试验了树脂端部锚固锚杆，锚固效果得到明显改善。为了降低锚固成本，20 世纪 80 年代我国还研制出快硬水泥锚固锚杆。此外，我国引进

并应用了缝管式锚杆、水力胀管式锚杆等全长锚固锚杆。直到1996年我国引进澳大利亚锚杆支护技术后,才真正认识到锚固方式(端部锚固、加长锚固及全长锚固)对锚固体强度、刚度的重要作用。目前,树脂加长锚固、全长锚固锚杆在我国已得到大面积推广应用,保证了锚固的可靠性和支护的有效性。

④ 从锚杆发展到锚索。早期的锚杆不仅强度低,而且长度小,一般为1.4~1.8 m。当围岩破坏范围超过锚杆长度时,锚杆支护的有效性就会受到质疑,这也是锚杆在破碎顶板、复合顶板等条件下只能作为辅助支护的主要原因。与锚杆相比,锚索长度大、承载力高,且可施加较大预应力。早在20世纪60年代我国煤矿就引进并试验了锚索支护技术,主要是大直径、多根钢绞线、水泥注浆锚固的锚索束,用于"马头门"、硐室及大巷等煤矿重点工程加固[94]。小孔径树脂锚固预应力锚索是一种适用于煤巷的锚索,1996年由煤炭科学研究总院开发并应用[95]。该锚索采用单根钢绞线,树脂药卷锚固,锚索安装速度满足了煤巷正常施工的要求,显著地扩大了锚杆使用范围。在应用锚索的同时,科研人员对锚索钢绞线材料也进行了持续不断的研发。早期采用建筑行业标准的1×7结构、直径15.2 mm的钢绞线,后来根据煤矿巷道对锚索材料的要求,开发出1×19结构、大直径、高延伸率的钢绞线[96],并且形成系列(直径为18 mm、20 mm、22 mm、28.6 mm)。直径为28.6 mm的钢绞线破断载荷达到900 kN以上,伸长率达7%左右,分别是直径为15.2 mm钢绞线的3.5倍和2.0倍。

⑤ 从锚杆发展到锚注结合。锚杆杆体大多为实心钢筋,采用锚固装置或锚固剂与围岩相连,起到锚固作用。当围岩比较破碎时,锚杆锚固力会受到显著的影响,不能满足设计要求,单独采用锚杆支护时,巷道安全得不到保障。在这种条件下,我国研发出中空注浆锚杆[97-98]、钻锚注锚杆[99]等多种类型的锚注锚杆,兼有锚固与注浆二重作用。一方面,通过注浆可改善锚固段围岩力学性质,提高锚杆锚固力;另一方面,注浆可改善整个锚固体,甚至深部围岩的力学性能,同时起到锚固与注浆二重作用。除锚杆外,我国还研制出多种形式的注浆锚索,有实心索体配注浆管与排气管的注浆锚索[100],也有中空索体的注浆锚索[101]。与注浆锚杆相比,注浆锚索的深度更大,注浆范围更广。

⑥ 从单一锚杆群支护发展到锚杆组合支护。早期的锚杆彼此之间是独立的,至多与金属网一起使用,锚杆间缺乏有效的连接,整体支护作用弱。后来人们逐步认识到锚杆组合构件、护表构件的重要性,开发出 W 形、M 形等钢带、钢梁以及不同形式的网片。以锚杆为基本支护,形成了多种组合支护方式,包括锚杆+钢带(钢筋托梁)支护、锚杆+金属网+钢带(钢筋托梁)支护、锚杆+金属网+钢带(钢筋托梁)+锚索支护、锚杆(锚索)+金属网+桁架支护等。

(3) 巷道围岩改性型

通过改善巷道围岩物理力学性质,可以提高围岩强度和整体性,包括各种注浆加固方法。注浆加固技术[102-104]是一种直接改善围岩状态的手段,尤其在巷道围岩较为破碎的情况下(如断层破碎带),采用棚式支护或锚杆支护很难满足支护要求,围岩注浆加固便可有效地解决此类问题。通过向围岩裂隙注入浆液,使破碎围岩固结,以此增加围岩的自身承载能力。因此,注浆材料得到了越来越广泛的开发和利用,其大致可分为水泥注浆材料、化学注浆材料、无水泥熟料的绿色注浆材料 3 大类。其中,波雷因化学注浆材料具有黏度低、渗透性好、可遇水膨胀等优点,对于含水断层破碎带条件下的围岩注浆堵水加固具有显著的优势。但是,与常规注浆材料相比,其材料、施工成本均相对较高[105]。

(4) 巷道围岩卸压型

要改善巷道围岩应力状态,主要是降低或转移高应力,包括卸压开采和各种人工卸压技术。我国煤矿水力压裂弱化坚硬难垮顶板技术是在 20 世纪 80 年代从波兰引进的。在围岩控制中,水力压裂还用于高应力、强采动巷道卸压及冲击地压防治[106]。进入 21 世纪,在水力压裂原理、水力压裂方法、水力压裂工艺、水力压裂机具与设备以及水力压裂效果检测等方面,诸多学者取得了一系列研究成果。

① 水力压裂原理。采用理论分析、实验室测试等手段,研究了煤岩体中水力压裂裂缝起裂、扩展、交汇的规律;分析了地应力场类型、大小及差值对裂缝分布、扩展及转向的影响;揭示了煤岩体中原生结构面(如节理、裂隙、层理等)力学性质与水力裂缝扩展的关系;获得了压裂参数,如注水压力、注水速率等与原生裂缝开启、新裂缝产生、裂缝交叉及裂缝网络形成等的关

系[107-110]。研究表明,这些理论研究成果对水力压裂工程设计具有重要的指导意义。

② 水力压裂方法。按压裂地点与规模的不同,煤矿已形成 3 种水力压裂方法:地面水力压裂、井下区域水力压裂和井下局部水力压裂。地面水力压裂方法与石油行业类似,从地面向目标层钻进垂直或水平井,对坚硬岩层进行分段压裂,降低岩体的完整性与整体强度,改变岩层结构与失稳条件,降低坚硬岩层引起的矿压作用[111]。井下区域水力压裂是在采区或采煤工作面尺度上,开采前在煤层上方坚硬或完整顶板钻进长水平钻孔,实施覆盖全采区或工作面的压裂,从而减弱开采过程中坚硬顶板引起的矿压显现程度。井下局部水力压裂是在巷道、开切眼等局部地点实施的弱化坚硬顶板或切顶卸压的方法。这 3 种水力压裂方法各有优势,已推广应用于不同条件的矿井。

③ 水力压裂工艺。水力压裂可分为常规压裂与定向压裂。常规压裂选择合适的孔段后直接进行压裂,不进行切槽、射孔等导向,初始裂缝方向大多接近钻孔轴线方向。为了使裂缝能按照设计的方向扩展,开发了多种定向水力压裂工艺,包括在被压裂孔段设置横向切槽、水力割缝及射孔等,诱导裂缝向工程所需的方向扩展。但是,水力裂缝的扩展主要受地应力、岩层结构等天然因素影响,定向压裂的适用性及合理参数还需要科研人员进行深入的研究。

④ 水力压裂机具与设备。水力压裂机具与设备包括定向切槽、切缝装置、封孔装置及注水设备等。近年来,中煤科工开采研究院有限公司(原煤炭科学研究总院开采研究分院)[112-117]开发出小孔径(直径 60 mm 左右)横向切槽定向水力压裂成套技术,以其施工速度快、成本低、安全性高等突出优点,在晋城、大同、神南、神东等矿区工作面的坚硬顶板控制、冲击地压防治、动压巷道卸压中迅速推广应用。其技术原理为:在注入高压水前,通过专用切槽设备垂直压裂钻孔轴向预制横向切槽,人为干预以控制裂缝扩展方向,破坏坚硬顶板的完整性,释放或转移部分高应力,从而达到卸压的目的。其中,掌握裂缝起裂与扩展机制是决定卸压成败的关键,而真三轴水力压裂物理试验是揭示裂缝起裂与扩展规律的重要手段。

⑤ 水力压裂效果检测。水力压裂工程在实施过程中及完成后,应对压

裂效果进行检测。检测方法包括:检测孔法,距离压裂孔不同位置钻进检测孔,检测裂缝扩展半径;压裂曲线分析法,根据水压、注水量等参数在压裂过程中的变化,分析裂缝扩展特征;物探法,采用微震、电法等手段监测压裂裂纹的扩展形态;应力监测法,监测围岩压裂前、后应力变化,评价压裂效果。另外,还有一些间接方法,如通过分析采空区顶板垮落状况、巷道围岩变形量、采煤工作面支架及巷道支护受力变化等,可以间接地评价水力压裂卸压效果。

(5)联合控制型

采用上述 2 种及 2 种以上的方法联合控制巷道围岩变形的方式。以上介绍了 4 大类巷道围岩控制技术,不仅可以单独使用,而且可以 2 种或多种形式联合使用,构成更多的围岩控制方式,以满足不同条件巷道围岩的控制要求。联合控制的原则是能够充分发挥每种控制方式的作用,实现优势互补。常用的巷道围岩联合控制技术是以锚杆、锚索作为基本支护,与喷射混凝土、金属支架、支柱、注浆、充填、砌碹及卸压等联合使用,构成锚喷、锚架、锚注、锚砌、锚卸、锚架注、锚架充、锚注卸、锚架注卸等多种联合方式。如果围岩不适合采用锚杆支护,也可采用其他联合方式,如架喷(充)、架注、架卸、砌注(充)及架注卸等。

1.2.5　研究现状综述

在复合顶板巷道围岩塑性区研究方面以及巷道冒顶机理方面,一般认为巷道顶板的塑性破坏是产生冒顶的内在原因。但是,随着采动应力的不断加大,现有理论认为"围岩塑性区主要是圆形、椭圆形等形状"的看法在此条件下具有一定的局限性。由于巷道围岩的特点一般是非均质的,具有分层特点,其所处的应力场一般也是采动应力环境特征,应充分考虑到主应力大小、比值以及方向对围岩塑性区破坏形态的影响。

在复合顶板巷道冒顶控制方面,由于复合顶板巷道发生冒顶的原因是多样的,因而对于复合顶板冒顶的控制也是多样的。一方面,从加强工程管理的层面对冒顶进行预控;另一方面,揭示巷道顶板塑性区形成、发展与冒顶的内在联系,提出具有针对性的控制技术。但是,现有研究成果并未阐明巷道复合顶板塑性区隔层扩展分布特征与巷道冒顶高度、冒顶形态之间具有直接的联系。

在复合顶板巷道帮部大变形控制方面,现有工程技术条件下支护阻力的增大难以实现对巷道帮部塑性破坏的有效控制,企图采用高强支护对巷帮塑性破坏引起围岩变形进行控制难以达到目的,需要寻找具有针对性的控制对策。

由此可见,复合顶板巷道围岩中应力环境特征、复合顶板塑性区隔层扩展分布特征与巷道冒顶高度、冒顶形态之间的直接联系及其控制对策的研究还很不充分。因此,我们有必要系统研究复合顶板巷道围岩应力环境特征、巷道顶板塑性区分布规律,进一步完善非均匀应力场巷道围岩塑性区理论,揭示复合顶板巷道冒顶机理,形成具有针对性的巷道冒顶控制方法和与之相适应的支护技术,这对保证矿井的安全高效生产具有很高的实用价值。

第2章
复合顶板采动巷道围岩结构与矿压显现特征

本章选取南山煤矿作为工程背景,通过顶板钻孔窥视,从整体上掌握南山煤矿2303回风平巷顶板结构特征;在基于围岩矿压显现基础上,获取2303回风平巷冒顶特征以及巷道帮部大变形特征;通过巷道围岩深部位移监测,进一步获取了巷道顶板及帮部变形破坏分布规律。

2.1 试验矿井工程地质概况

南山煤矿位于沁源县城西北约32.5 km、灵空山镇东南约2.5 km的王庄村西,行政区划属沁源县灵空山镇管辖。目前主采2#煤层,上距1#煤层11.65～19.70 m(平均16.12 m),煤层厚度为0.60～2.60 m(平均2.11 m),属稳定可采煤层,仅J-2号孔处和井田东南部2308运输平巷北端变薄为零星不可采,其余地段均属可采,煤层结构简单,不含夹矸。其力学参数为:黏聚力为5.30 MPa,内摩擦角为35°,单轴抗压强度为18.9 MPa,抗拉强度为1.96 MPa。顶板为细砂岩或粉砂岩,底板为粉砂岩或细砂岩。

根据2303回风平巷顶板钻孔窥视结果显示,该巷道顶板为典型的复合顶板,巷道顶板由浅到深依次为粉砂岩、细砂岩、砂质泥岩、细砂岩,其厚度分别为1.6 m、1.4 m、0.8 m、6.0 m。2303回风平巷所处层位及顶板结构如

图 2-1 所示。

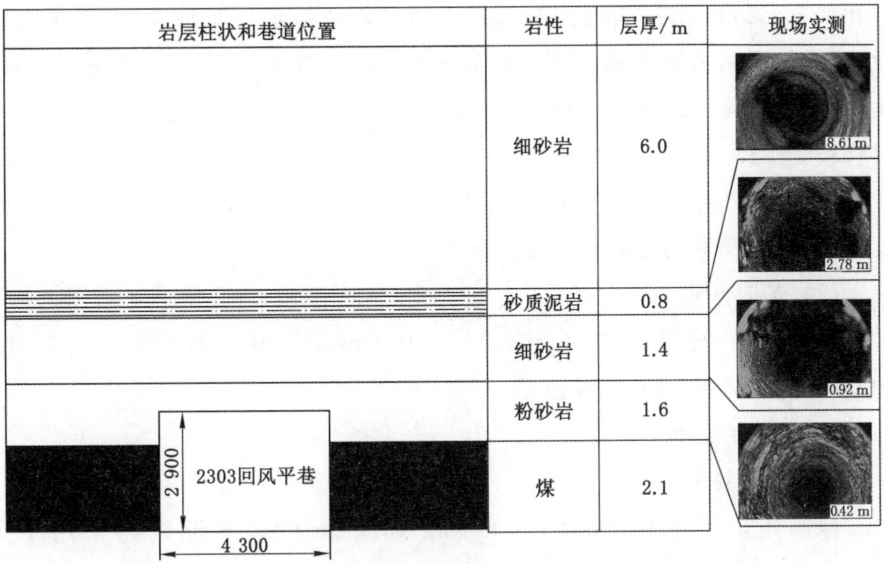

岩层柱状和巷道位置	岩性	层厚/m	现场实测
	细砂岩	6.0	8.61 m
			2.78 m
	砂质泥岩	0.8	
	细砂岩	1.4	0.92 m
	粉砂岩	1.6	
2303回风平巷　2 900　4 300	煤	2.1	0.42 m

图 2-1　南山煤矿 2303 回风平巷所处层位及顶板结构

　　其中,巷道顶板浅部主要为粉砂岩,且岩层较为破碎;粉砂岩上部及深部区域为细砂岩,质地较坚硬,岩层完整性较好;但在巷道顶板上方 2.0 m 左右的位置,存在一定厚度的软弱砂质泥岩层,完整性较差,窥视孔壁较为粗糙,对顶板整体稳定性有一定的削减,甚至是顶板下部坚硬岩层破断的主要因素。结合窥视结果,在钻机钻进过程中,浅部破碎粉砂岩推进容易,但随后的细砂岩推进阻力较大,推进速度也较慢。当遇到砂质泥岩层时,由于其致密性较好,遇水黏度增大,会阻碍钻进速度,甚至发生堵钻现象;同时,深部的细砂岩质地坚硬,岩层完整性较好,推进阻力较大,且速度较慢。

2.2　巷道围岩矿压显现特征

2.2.1　2303 回风平巷原支护设计

2.2.1.1　顶板支护

（1）支护材料

顶锚杆采用 $\phi20$ mm×2 000 mm 螺纹钢锚杆,树脂药卷采用 1 支 K2335 型和 2 支 Z2335 型树脂锚固剂。靠近两帮的 2 根锚杆与垂线呈 15°夹角打设,顶锚杆预紧力矩不得小于 200 N·m。顶网规格为强力电焊钢筋网,网孔规格为 85 mm×85 mm,网连距离为 200 mm,网与网搭接为 100 mm。锚索材料为 $\phi17.8$ mm 钢绞线,锚索长度为 8 000 mm,采用 3 支 K2335 型、3 支 Z2335 型树脂锚固剂。锚索托盘:采用 300 mm×300 mm×30 mm 高强度托板,锚索预紧力不得小于 200 kN。

(2) 支护方式

顶板锚杆间排距:800 mm×1 100 mm,6 根锚杆;锚索间排距:1 000 mm×1 100 mm,3 根锚索。

2.2.1.2 帮部支护

(1) 支护材料

帮锚杆采用 $\phi20$ mm×2 000 mm 螺纹钢锚杆,树脂药卷采用 1 支 K2335 型和 1 支 Z2335 型树脂锚固剂。距顶部第一根帮锚杆与水平夹角向上 15°,其他帮锚杆水平垂直打设,帮锚杆预紧力矩不得小于 150 N·m。锚网为强烈电焊钢筋网片,网孔规格为 85 mm×85 mm,网连距离为 200 mm,网与网搭接为 100 mm。

(2) 支护方式

帮锚杆间排距:900 mm×550 mm,按 3∶2∶3 布置,其中"2"与顶板锚索为一排。顶板破碎时缩短排距至 800 mm。

原支护材料及参数如表 2-1 所列;原支护设计如图 2-2 所示。

表 2-1　原支护材料及参数

断面尺寸/mm		锚杆规格及支护参数				金属网	锚索规格及支护参数	
		锚杆规格(数量/根×直径/mm×长度/mm)		间排距/mm		钢筋网	锚索规格(数量/根×直径/mm×长度/mm)	间排距/mm
宽	高	顶板	两帮	顶板	两帮	尺寸/mm		
4 300	2 900	6×$\phi20$×2 000	3×$\phi20$×2 000	800×1 100	900×550	85×85	3×$\phi17.8$×8 000	1 000×1 100
锚固剂/支		顶锚杆		帮锚杆		锚索		
		1(K2335)+2(Z2335)		1(K2335)+1(Z2335)		3(K2335)+3(Z2335)		

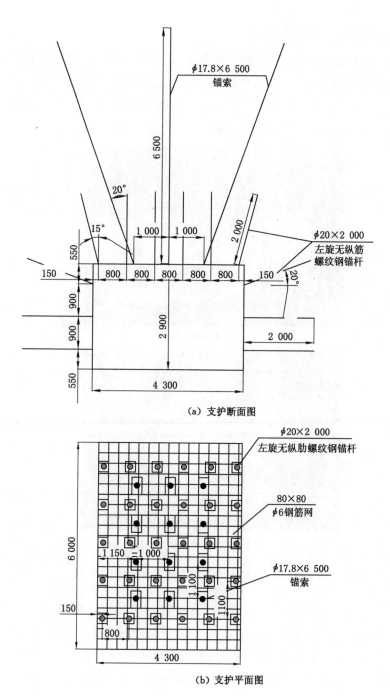

(a) 支护断面图

(b) 支护平面图

图 2-2　南山煤矿 2# 煤层平巷原支护设计图

2.2.3 巷道顶板矿压显现特征

回采巷道掘进期间,巷道顶板完整性较好,顶板表层未见明显的变形破坏。但在采动影响期间,大部分区域巷道顶板浅部位置发生了少量变形和局部破裂,由于顶板总变形量尚在锚杆(索)变形承受范围内,因此从表面上看,巷道顶板整体表现出较为稳定的状态,如图 2-3 所示。

顶板未发生明显破坏

(a) 掘进影响期间

顶板局部破裂位置

(b) 采动影响期间

图 2-3 南山煤矿 2303 回风平巷顶板现场照片

然而,在 2303 工作面回采过程中,其回风平巷却突然出现过一次冒顶事故,冒顶范围沿巷道走向约为 6.0 m,冒顶区域顶板锚索均被拉出或破断,冒顶形状类似拱形,冒顶轮廓上边界平齐于上位坚硬细砂岩,冒顶高度为 3.0 m 左右。图 2-4 为南山煤矿 2303 回风平巷冒顶素描图。从垮落后的岩石可以看出,深部砂质泥岩层位围岩破碎严重,岩石破坏面较为粗糙,主要以压剪破坏为主;而浅部砂岩层位顶板破裂呈块体状,岩石破坏面较为光滑,主要以断裂破坏为主。

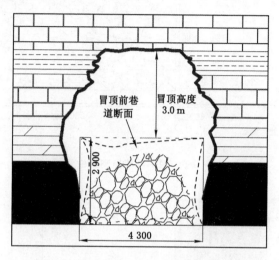

图 2-4　南山煤矿 2303 回风平巷冒顶素描图

　　为了准确掌握采动影响条件下的巷道围岩变形破坏特征,研究人员进行了高密度巷道围岩深部位移监测。距离工作面 80 m 范围为巷道围岩剧烈变形段,开始监测时,深部位移监测站布置在距离巷口 380 m 处,此时深部位移监测站距离 2304 工作面 90 m。监测站共布置顶板、采煤帮、煤柱帮 3 个测点,监测站位置如图 2-5 所示。图 2-6 为巷道围岩变形监测仪器与基点布置。其中,巷道顶板基点深度为 1.0 m、3.0 m、6.0 m,采煤帮的基点深度为 1.5 m、3.0 m 和 6.0 m,煤柱帮测点采用两组仪器双孔联合布置,两仪器基点深度分别为 1.5 m、3.0 m、4.5 m 和 2.5 m、3.5 m、5.0 m,如图 2-6(b)所示。巷道的围岩变形主要是塑性破坏引起的,弹性区内的围岩变形极小,一般不会超过 5%,绝大部分变形是围岩塑性破坏产生的。因此,巷道围岩高密度深部位移监测能够获取不同深度围岩所产生的变形及其发生变形的时机,进而较为精确地确定围岩破坏范围。

　　在巷道围岩深部位移监测期间采煤工作面推进速度仅为 3.0 m/d 左右,虽然在此期间巷道围岩变形剧烈程度与正常回采期间相比略有不同,但从巷道围岩深部位移监测结果来看,巷道围岩变形总量与变形量的分布层位是一致的。图 2-7 为巷道顶板深部位移监测结果。

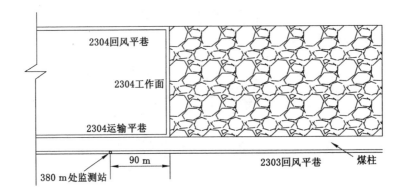

图 2-5　深部位移监测站位置

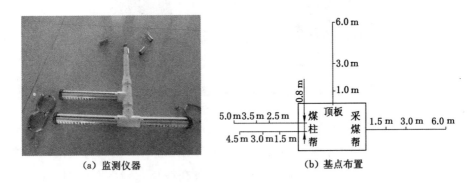

（a）监测仪器　　　　　　　（b）基点布置

图 2-6　巷道围岩变形监测仪器与基点布置

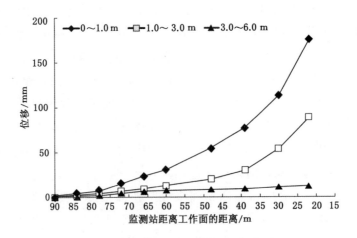

图 2-7　巷道顶板深部位移监测结果

2303 回风平巷顶板深部位移监测结果显示,采动影响是导致巷道围岩出现大变形的内在原因,随着监测站位置距离工作面越来越近,围岩变形速率随之增大。在监测期间,顶板变形总量为 276 mm,严重地影响了巷道的正常使用。

根据巷道顶板位移监测结果显示,巷道顶板变形现象较为明显。在测点距离 2304 工作面 80 m 范围内,顶板变形量开始逐渐增加;在测点距离 2304 工作面 30 m 左右的位置,巷道受到超前支承压力的影响,0～1.0 m、1.0～3.0 m 范围内顶板下沉产生的位移变形速率突然加快,3.0～6.0 m 范围内顶板下沉产生的位移变形速率与之前基本保持不变。0～1.0 m 范围内的最大位移变形量为 175 mm,占顶板总变形量的63.4％;1.0～3.0 m 范围内的最大位移变形量为 89 mm,占顶板总变形量的32.2％;3.0～6.0 m 范围内的最大位移变形量为 12 mm,占顶板总变形量的 4.3％。由此可知,受采动影响后的顶板变形主要分布在 0～1.0 m 浅部区域以及 1.0～3.0 m 范围内的软弱砂质泥岩层。

2.2.4　巷道帮部矿压显现特征

南山煤矿 2# 煤层整体强度由于开采及过构造带处较低,因而单轴抗压强度多在10 MPa左右,甚至更低,且完整性较差。另外,由于底板岩层坚硬,该矿使用的综掘机很难将底板岩石有效破碎,巷道沿底掘进时掘出部分软弱顶板,采用留煤柱护巷,煤柱宽为 20.0 m。巷道服务期间两帮煤体对采动影响较为敏感,出现大变形特征:巷道帮部煤壁变形十分严重;钢筋梯子梁由于受到煤壁变形产生的强烈挤压作用,导致其弯曲变形严重;锚网出现大面积破坏且锚杆破断频繁,如图 2-8 所示,而多数 ϕ20 mm×2 000 mm 左旋无纵肋螺纹钢锚杆出现拉伸剪坏(锚杆破断截面粗糙,无拉伸过度的缩颈现象)。出现的巷帮大变形直接导致巷道服务期间需进行 1～2 次的扩帮修复,耗费人力、物力巨大且影响正常生产。

2303 回风平巷帮部深部位移监测结果显示,采动影响是导致巷道帮部出现大变形的内在原因,随着测站位置距离工作面越来越近,围岩变形速率随之增大。在监测期间,采煤帮变形总量为 330 mm,煤柱帮变形总量为 446 mm,严重地影响了巷道的正常使用。图 2-9 为巷道帮部深部位移监测结果。

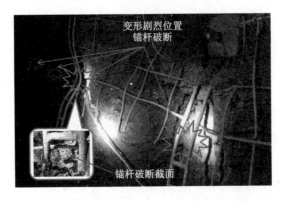

图 2-8　巷帮剧烈变形位置锚杆破断频繁

图 2-9(a)为巷道采煤帮位移变形监测曲线。监测结果显示,采煤帮变形较为明显,在测点距离工作面 80 m 范围内,采煤帮变形量开始逐渐增加,巷道受到超前支承压力的影响,0～1.5 m、1.5～3.0 m 范围内的位移变形速率突然加快,3.0～6.0 m 范围内的位移变形速率与之前基本保持不变。0～1.5 m 范围内的最大位移变形量为 235 mm,占采煤帮总变形量的71.2%;1.5～3.0 m 范围内的最大位移变形量为 80 mm,占采煤帮总变形量的24.2%;3.0～6.0 m 范围内的最大位移变形量为 15 mm,占采煤帮总变形量的 4.5%。由此可知,受采动影响后的采煤帮变形区域主要分布在0～3.0 m 范围内。

图 2-9(b)为巷道煤柱帮位移变形监测曲线。监测结果显示,煤柱帮变形较为明显,在测点距离工作面 80 m 范围内,采煤帮变形量开始逐渐增加,在测点距离工作面 30 m 左右的位置,巷道受到超前支承压力的影响,0～1.5 m、1.5～2.5 m、2.5～3.0 m 范围内的位移变形速率突然加快,3.0～3.5 m、3.5～4.5 m 和 4.5～5.0 m 范围内的位移速率与之前基本保持不变。0～1.5 m 范围内的最大位移变形量为 200 mm,占采煤帮总变形量的44.8%;1.5～2.5 m 范围内的变形量为 121 mm,占煤柱帮总变形量的27.1%;2.5～3.0 m 范围内的变形量为92 mm,占煤柱帮总变形量的20.6%;3.0～3.5 m、3.5～4.5 m 和 4.5～5.0 m 范围内的位移量仅为33 mm左右,占煤柱帮总变形量的 7.4%。由此可知,受采动影响后的煤柱帮的破坏深度应在 2.5～3.0 m。

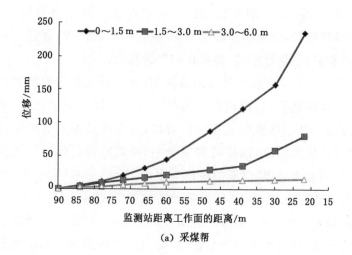

（a）采煤帮

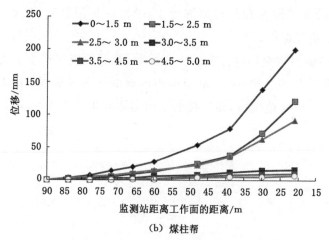

（b）煤柱帮

图 2-9　巷道帮部深部位移监测结果

2.3　本章小结

本章对南山煤矿 2303 回风平巷顶板结构特征以及该矿回采巷道掘进期间和回采期间围岩矿压显现特征进行分析,得到以下结论:

（1）南山煤矿 2303 回风平巷顶板为典型复合顶板,由浅到深依次为粉砂岩、细砂岩、砂质泥岩、细砂岩,其中,巷道顶板浅部主要为粉砂岩、细砂岩,岩层完整性较好,但巷道顶板上方 2.0 m 左右的位置,存在一定厚度的软弱砂质泥岩层,完整性较差,窥视孔壁较为粗糙。

(2)掌握了 2303 回风平巷冒顶特征,冒顶区域顶板锚索均被拉出或破断,冒顶形状类似拱形,冒顶轮廓上边界平齐于上位坚硬细砂岩,冒顶高度为 3.0 m 左右。从垮落后的岩石可以看出,深部砂质泥岩层位围岩破碎严重,岩石破坏面较为粗糙,以压剪破坏为主,浅部砂岩层位顶板破裂呈块体状,岩石破坏面较为光滑,以断裂破坏为主。

(3)巷道服务期间两帮煤体对采动影响较为敏感,出现大变形特征,巷道帮部锚杆破断频繁,而多数 $\phi 20$ mm×2 000 mm 左旋无纵肋螺纹钢锚杆出现拉伸剪坏(锚杆破断截面粗糙,无拉伸过度的缩颈现象),出现的巷帮大变形直接导致巷道服务期间需要进行 1～2 次的扩帮修复,花费人力、物力巨大,且影响正常生产。

(4)从巷道围岩变形量分布的范围来看,巷道顶板变形主要发生在 0～1.0 m 浅部围岩以及 1.0～3.0 m 范围内的软弱泥质砂岩层,采煤帮变形主要发生在 0～3.0 m 范围内,煤柱帮的变形主要发生在 2.5～3.0 m 范围内。

第3章
复合顶板采动巷道顶板变形破坏机理

在获取巷道围岩变形破坏分布特征的基础上,本章采用理论分析、数值模拟等方法,着重分析巷道围岩应力分布特征,从而获取巷道顶板各分层岩体结构与应力环境对围岩塑性区隔层扩展分布的影响规律,阐明塑性区隔层扩展分布特征与巷道冒顶高度、冒顶形态之间的内在联系,并通过巷道顶板变形破坏现场实测,得到顶板破裂区破裂形式以及分布范围。

3.1 采动巷道围岩应力环境特征

3.1.1 原岩应力场特征

天然状态下地壳内存在着应力,通常在地质力学中称之为地应力,主要包括由岩体重力引起的自重应力和地质构造作用引起的构造应力等。地应力是在历史地质作用下发展变化形成的,它与岩体自重、构造、运动、地下水和地温差有关,同时又是随时间、空间变化的应力场。但在工程实践中,应力场受这种地质作用时间的影响也可忽略。在采矿工程中,人们将这种未受采掘扰动影响的岩体原始应力称为原岩应力。人们通过理论研究、地质调查和大量的地应力测量资料的分析研究,已初步认识到地壳浅部岩体初始应力场分布的一些基本规律。

（1）岩体初始应力场是时间和空间的函数

岩体初始应力在绝大部分地区是以水平应力为主的三向不等压应力场。3个主应力的大小和方向是随着空间和时间而变化的，因而它是一个非稳定的应力场。从小范围来看，初始应力在空间上的变化，其变化是很明显的；但就某个地区整体而言，初始应力的变化又是不大的。如我国的华北地区，初始应力场的主导方向为北西到近于东西的主压应力。在某些地震活动活跃的地区，初始应力的大小和方向随时间的变化是很明显的。在地震前，处于应力积累阶段，应力值不断升高，而地震时，使集中的应力得到释放，应力值突然大幅度下降。主应力方向在地震发生时会发生明显改变，在震后一段时间又会恢复到震前的状态。

（2）实测垂直应力基本等于上覆岩层的重力

对实测垂直应力的统计资料分析表明，在深度为 25～2 700 m 的范围内，垂直应力呈线性增长，相当于按岩体平均重力密度 27 kN/m³ 计算的自重应力。但在某些地区的测量结果有一定幅度的偏差，这些偏差除了有一部分可能归结于测量误差外，板块移动、岩浆侵入、扩容、不均匀膨胀等也都可引起垂直应力的异常波动。

（3）水平应力普遍大于垂直应力

实测资料表明，在几乎所有地区均有两个主应力位于水平或接近水平的平面内，它与水平面的夹角一般不大于 30°。最大水平主应力普遍大于垂直应力，二者的比值一般为 0.5～5.5，多数情况为大于 2。最大水平主应力与最小水平主应力的算术平均值与垂直应力的比值一般为 0.5～5.0，多数情况为 0.8～1.5。这说明在地壳浅部岩体平均水平应力普遍大于垂直应力，垂直应力在多数情况下为最小主应力，在少数情况下为中间主应力，只在个别情况下为最大主应力，因为构造应力主要以水平应力为主。

（4）平均水平应力与垂直应力的比值随深度增加而减小

在深度不大的情况下，水平应力与垂直应力的值相当分散。随着深度增加，该值的变化范围逐步缩小，并趋近于 1，说明在地壳深部有可能出现静水压力状态。

（5）水平主应力随深度呈线性增长关系

从非洲南部以及美国、日本、冰岛、加拿大等国所在区域的初始应力测量结果可以看出,尽管随着地质环境的变化其结果有所差异,但是揭示出地壳内水平应力随深度增加呈线性增大趋势是普遍规律。

(6) 两个水平主应力一般相差较大

一般地,最小水平主应力与最大水平主应力的比值相差较大,显示出很强的方向性,其比值通常为 0.2～0.8,多数情况为 0.4～0.8。

在井巷和采场等地下工程结构稳定性分析中,原岩应力是一种初始的应力边界条件,同时原岩应力也是引起地下工程结构变形和破坏的力源。在采矿工程中,地下采掘空间对周围岩体内的原岩应力场产生扰动,使得原岩应力重新分布,并且在井巷和采场的围岩中产生几倍于原岩应力的高值应力(二次应力),围岩随之产生变形。随着时间的延长,围岩变形继续扩大,如果支护不当,那么围岩将过度变形或失稳破坏。高原岩应力区域中,在坚硬脆性的岩体中开掘巷道时,围岩容易产生冲击地压;在软弱的岩层中开掘巷道时,围岩又容易引起塑性流动破坏,在煤层中会发生煤体突出等事故。

因此,围岩应力与其原岩应力场密切相关,围岩稳定性显然是以原岩应力场为前提条件的。但在考虑围岩应力时,原岩应力的大小、方向是给定的。相反,由于开采活动在一定范围内对原岩应力场的扰动影响,这种采动应力与多种因素有关,因而造成了采动应力分布的显著差异性。

3.1.2　采动应力场特征

煤矿采掘工作面开挖后,在煤(岩)体内部形成"空洞",为周边岩体提供应变释放空间,引起周边煤(岩)体应力重新分布。采掘工作面周边岩体受采掘影响,相对原始应力增加的应力称为采掘扰动应力,如图 3-1 中 a、b、c、d 应力曲线。单侧采空工作面在回采过程中,周边煤(岩)体受开采扰动程度不同,如在工作面前方煤体,靠近采空区侧应力集中程度较高,如曲线 c,靠近实体煤侧煤(岩)体受采掘扰动程度较低,如曲线 a。巷道掘进也会对围岩造成应力扰动,如曲线 d,一般情况下,应力集中程度 $c>b>a>d$。假设在工作面前方存在断层弱面构造,根据断层面与工作面相对空间位置,断层弱面受开采扰动应力影响程度不同,如图 3-1 中断层弱面位于上工作面采空区侧区域应力扰动低于实体煤侧区域。

工作面回采后,采空区上覆岩层将发生垮落,工作面自开切眼向前开挖

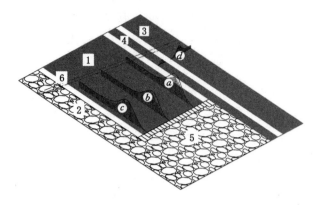

1—上工作面实体煤;2—上工作面采空区;3—下工作面实体煤;4—区段煤柱;5—工作面采空区;6—断层;

a—工作面上侧支承压力;b—工作面中部支承压力;c—工作面下侧支承压力;d—侧向支承压力。

图 3-1 采煤工作面围岩采动应力分布

过程中,煤层上层薄层伪顶将随工作面支架前移直接垮落,伪顶上层直接顶岩层具有一定自稳能力而不会垮落,直接顶不能传递水平应力。直接顶上层厚度较大、强度较高的砂岩层为基本顶,基本顶自稳能力较强,在工作面支架前移后能形成悬臂梁结构,可传递水平作用力,使采空区上覆岩层载荷转移至工作面前方煤体,并与采空区的破断基本顶岩块形成砌体梁结构,对上覆岩层具有一定承载能力。当工作面自开切眼推进距离达到基本顶极限跨距时,基本顶将发生破断,此时开采形成的岩层扰动将达到地表,工作面矿压显现剧烈。

南山煤矿在煤层开采后,采空区上部岩层重量将向采空区周围新的支承点转移,从而在采空区四周形成支承压力带,2303 回风平巷区段煤柱宽为 20 m。在 2303 回风平巷超前支承压力和 2304 采空区侧方支承压力的叠加影响下,2303 回风平巷出现较大程度的支承压力集中现象,应力集中系数可达 3~5,导致采动巷道周边两个主应力比值(σ_1/σ_3)也急剧升高[45,63,101];同时,受邻近 2304 采空区覆岩运移影响,巷道围岩周边应力中的最大主应力方向也将发生大幅度的偏转,如图 3-2 所示。

人们习惯将采场前方或巷道两侧的切向应力分布按其大小进行分区。由图可以看出,在巷道周边形成了比原岩应力大的支承应力集中区,即增压区,其边界一般位于高于原岩应力分界处。比原岩应力小的区域为减压区。根据支承压力变化特征,也称为支承压力动压显现区。在动压区中,支承压

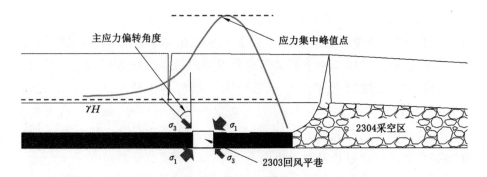

图 3-2　2303 回风平巷围岩周边应力分布示意图

力的强度、分布特征和此区的宽度等都是变化的,其变化速度也是不稳定的。

由于影响采动叠加应力场的分布因素有很多,在岩体环境一定时,由工作面引起的应力重新分布,可以认为这是回采巷道塑性区破坏前的周边应力状态。据此,本书以南山煤矿具体地质工程条件为基础,采用 UDEC2D 数值模拟方法研究采动应力场下复合顶板采动巷道围岩塑性区分布特征,为分析采动影响下巷道围岩塑性破坏规律提供基础。

3.2　采动巷道围岩破坏的基本特征

在采动过程中,巷道周边实际上是非均匀应力场,该条件下巷道围岩塑性区不再是传统的圆形、椭圆形,而是呈现蝶形特征。下面介绍非均匀应力场条件下的巷道围岩蝶形塑性区形成的力学机制与分布特征,着重分析巷道围岩塑性区蝶叶扩展的方向特性及其工程意义。

3.2.1　均质岩体圆形巷道围岩弹塑性应力场

由于巷道用途、掘进工艺、所处地质条件等因素的不同,造成巷道需要设计成不同的尺寸与形状,同时巷道所处的岩体环境大多也是非均质和各向异性的。目前,对于具体围岩地质条件下以及均质围岩条件下复杂形状巷道周边围岩应力状态,利用现有的数学力学方法尚不能精确求出。在具体分析过程中,需要做一定的假设:首先将巷道简化为理想的单一形状的孔

（如圆形、椭圆形、矩形等），其次需要将巷道周围岩体看作均质连续的弹性体。目前，圆形巷道围岩应力计算还主要是参照弹塑性力学中的圆形孔周围应力解。对于采矿工程中的圆形巷道围岩周边应力分布，早在19世纪末基尔施（Kirsch）就推导了弹性平板中圆孔周围的二维应力分布解，耶格（Jaeger）和库克（Cook）又对 Kirsch 方程进行了详细推导，随后又有大量学者对其进行了发展与深化。尤其是在双向不等压应力环境下，目前人们只能得到均质岩体圆形巷道的周边应力分布。

为了便于理论分析，首先假设巷道围岩是均质连续、各向同性和线弹性的，同时不涉及巷道围岩的蠕变或黏性行为，巷道围岩不受地质构造、水、岩石结构等因素的影响，可将应力场视作均布载荷；巷道断面内水平和垂直方向的原岩应力沿巷道长度方向是不变化的；巷道断面为圆形，在无限长的巷道里，围岩的性质一致。于是可以采用平面应变问题的方法，取巷道的任一截面作为其研究对象。

符合埋深条件，并且埋深大于或等于20倍的巷道半径，忽略巷道影响范围（5倍的巷道半径）内的岩石自重，与原问题的误差不超过5%，于是水平原岩应力可以简化为均布问题。这样一来，实际巷道模型可以简化为弹塑性力学中的载荷与结构都是轴对称的平面应变圆孔问题，如图3-3所示。

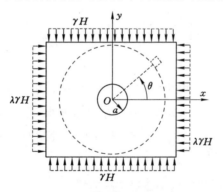

图3-3　圆形孔受力模型

根据所建立的力学模型，同时为了理论计算的可行性，假设地应力场仅由自重应力场构成。利用弹性力学中的弹性平板中圆孔周围的二维应力分布解，可得到在极坐标下圆形巷道围岩任意一点的应力解，即

$$\begin{cases} \sigma_r = \dfrac{\gamma H}{2}\left[(1+\lambda)\left(1-\dfrac{a^2}{R_\theta{}^2}\right)+(1-\lambda)\left(1-4\,\dfrac{a^2}{R_\theta{}^2}+3\,\dfrac{a^4}{R_\theta{}^4}\right)\cos 2\theta\right] \\[3mm] \sigma_\theta = \dfrac{\gamma H}{2}\left[(1+\lambda)\left(1+\dfrac{a^2}{R_\theta{}^2}\right)-(1-\lambda)\left(1+3\,\dfrac{a^4}{R_\theta{}^4}\right)\cos 2\theta\right] \\[3mm] \tau_{r\theta} = \dfrac{\gamma H}{2}\left[(1-\lambda)\left(1+2\,\dfrac{a^2}{R_\theta{}^2}-3\,\dfrac{a^4}{R_\theta{}^4}\right)\sin 2\theta\right] \end{cases}$$

$$(3\text{-}1)$$

式中　σ_r——任意一点的径向应力；

$\quad\quad\sigma_\theta$——任意一点的环向应力；

$\quad\quad\tau_{r\theta}$——任意一点的剪应力；

$\quad\quad\gamma$——岩石的重力密度；

$\quad\quad H$——巷道埋深；

$\quad\quad\lambda$——侧压系数；

$\quad\quad a$——圆形巷道的半径；

$\quad\quad R_\theta,\theta$——任意一点的极坐标。

3.2.2　围岩强度准则

M-C 准则是目前应用最为广泛的强度准则。该理论认为，巷道围岩任意一点的破坏与作用在该点的最大与最小主应力值有关。当压力不大时，可用直线型莫尔包络线来表达围岩岩体的极限平衡条件，认为岩体达到弹性极限进入塑性平衡条件时，其应力状态满足下式，即

$$\tau = c + \sigma\tan\varphi \qquad (3\text{-}2)$$

式中　τ ——围岩中点的切应力，MPa；

$\quad\quad c$ ——围岩中点的黏聚力，MPa；

$\quad\quad\sigma$ ——围岩中点的正应力，MPa；

$\quad\quad\varphi$ ——围岩中点的内摩擦角，$(°)$。

在主应力确定后，便可得出以极限主应力 σ_1 和 σ_3 来表示的莫尔-库仑强度准则，即

$$\sigma_1 = 2c\,\frac{\cos\varphi}{1-\sin\varphi} + \frac{1+\sin\varphi}{1-\sin\varphi}\sigma_3 \qquad (3\text{-}3)$$

根据式(3-3)，$\sigma_1 - 2c\,\dfrac{\cos\varphi}{1-\sin\varphi} - \dfrac{1+\sin\varphi}{1-\sin\varphi}\sigma_3 = 0$ 表示巷道围岩处在弹

性与塑性的临界点。如果 $\sigma_1 - 2c \dfrac{\cos \varphi}{1 - \sin \varphi} - \dfrac{1 + \sin \varphi}{1 - \sin \varphi} \sigma_3 > 0$，说明突破了围岩弹塑性变换的极限条件，进入塑性状态。

由式(3-3)经变形可得：

$$(\sigma_1 - \sigma_3) - (\sigma_1 + \sigma_3)\sin \varphi = 2c \cdot \cos \varphi \tag{3-4}$$

3.2.3 非均匀应力场中的巷道围岩塑性区边界的确定

在弹性力学中，主应力可通过下式由水平应力和垂直应力求得：

$$\begin{cases} \sigma_1 = \dfrac{\sigma_r + \sigma_\theta}{2} + \sqrt{\left(\dfrac{\sigma_r - \sigma_\theta}{2}\right)^2 + (\tau_{r\theta})^2} \\[3mm] \sigma_3 = \dfrac{\sigma_r + \sigma_\theta}{2} - \sqrt{\left(\dfrac{\sigma_r - \sigma_\theta}{2}\right)^2 + (\tau_{r\theta})^2} \end{cases} \tag{3-5}$$

将式(3-5)代入式(3-4)，可得：

$$2\sqrt{\left(\dfrac{\sigma_r - \sigma_\theta}{2}\right)^2 + (\tau_{r\theta})^2} - (\sigma_r + \sigma_\theta)\sin \varphi = 2c \cdot \cos \varphi \tag{3-6}$$

变形得：

$$\sqrt{\left(\dfrac{\sigma_r - \sigma_\theta}{2}\right)^2 + (\tau_{r\theta})^2} = \dfrac{\sigma_r + \sigma_\theta}{2} \cdot \sin \varphi + c \cdot \cos \varphi \tag{3-7}$$

两边平方并移项，可得：

$$\left(\dfrac{\sigma_r - \sigma_\theta}{2}\right)^2 + (\tau_{r\theta})^2 - \left(\dfrac{\sigma_r + \sigma_\theta}{2}\right)^2 \sin^2 \varphi - (\sigma_r + \sigma_\theta)\sin \varphi \cos \varphi \cdot c - c^2 \cos^2 \varphi = 0 \tag{3-8}$$

下面分别求解式(3-8)中方程左侧每一个多项式的表达式。为了推导过程的书写方便，令 $A = \dfrac{a^2}{R_\theta^2}$，则根据式(3-1)可得：

(1) 推导多项式的第一项

$$\begin{aligned} \sigma_r - \sigma_\theta &= \gamma H\big[(1-\lambda)\cos 2\theta(1 - 2A + 3A^2) - (1-\lambda)A\big] \\ &= \gamma H\big[(1-\lambda)\cos 2\theta - 2(1-\lambda)\cos 2\theta \cdot A + 3(1-\lambda) \\ &\quad \cos 2\theta \cdot A^2 - (1+\lambda) \cdot A\big] \\ &= \gamma H\big\{3(1-\lambda)\cos 2\theta \cdot A^2 - [2(1-\lambda)\cos 2\theta + \\ &\quad (1+\lambda)] \cdot A + (1-\lambda)\cos 2\theta\big\} \end{aligned}$$

令 $n = (1-\lambda)\cos 2\theta$，则：

$$\sigma_r - \sigma_\theta = \gamma H \left[3nA^2 - (2n+1+\lambda)A + n \right] \tag{3-9}$$

$$\left(\frac{\sigma_r - \sigma_\theta}{2} \right)^2 = \frac{(\gamma H)^2}{4} \left\{ 9n^2A^4 - 6n \left[(2n+1+\lambda)A - n \right] \cdot A^2 + \left[(2n+1+\lambda)A - n \right]^2 \right\}$$

$$= \frac{(\gamma H)^2}{4} \left\{ 9n^2A^4 - 6n(2n+1+\lambda) \cdot A^3 + \left[6n^2 + (2n+1+\lambda)^2 \right] \cdot \right.$$

$$\left. A^2 - 2n(2n+1+\lambda)A + n^2 \right\} \tag{3-10}$$

（2）推导多项式的第二项

令 $m = (1-\lambda)\sin 2\theta$，则：

$$\tau_{r\theta}^2 = \frac{(\gamma H)^2}{4} \left[9m^2A^4 + (2mA + m)^2 - 6mA^2(2mA + m) \right]$$

$$= \frac{(\gamma H)^2}{4} \left[9m^2A^4 - 12m^2A^3 - 2m^2A^2 + 4m^2A + m^2 \right] \tag{3-11}$$

（3）推导多项式的第三项

$$\sigma_r + \sigma_\theta = \gamma H \left[(1+\lambda) - 2(1-\lambda)\cos 2\theta \cdot A \right]$$

$$= \gamma H \left[(1+\lambda) - 2nA \right] \tag{3-12}$$

$$\left(\frac{\sigma_r + \sigma_\theta}{2} \right)^2 \sin^2\varphi = \frac{(\gamma H)^2}{4} \left[4n^2A^2 - 4n(1+\lambda)A + (1+\lambda)^2 \right] \sin^2\varphi$$

$$= \frac{(\gamma H)^2}{4} \left[4n^2\sin^2\varphi \cdot A^2 - 4n(1+\lambda)\sin^2\varphi \cdot A + (1+\lambda)^2\sin^2\varphi \right]$$

$$\tag{3-13}$$

（4）推导多项式的第四项

根据式(3-12)，得：

$$(\sigma_r + \sigma_\theta)\sin\varphi\cos\varphi \cdot c = \gamma H \left[(1+\lambda) - 2n \cdot A \right] \sin\varphi\cos\varphi \cdot c$$

$$= \gamma H \left[(1+\lambda)\sin\varphi\cos\varphi \cdot c - 2n \cdot \sin\varphi\cos\varphi \cdot cA \right]$$

$$\tag{3-14}$$

将式(3-10)、式(3-11)、式(3-13)、式(3-14)代入式(3-8)，整理可得：

$$(9m^2 + 9n^2)A^4 - \left[12m^2 + 12n^2 + 6n(1+\lambda) \right]A^3 +$$

$$\left[10n^2 + (1+\lambda)^2 + 4n(1+\lambda) + 4n^2\sin^2\varphi - 2m^2 \right]A^2 -$$

$$\left[4n^2 + 2n(1+\lambda) + 4n(1+\lambda)\sin^2\varphi - 4m^2 - 8n\frac{1}{\gamma H}\sin\varphi\cos\varphi \cdot c \right]A +$$

$$m^2 + n^2 - (1+\lambda)^2\sin^2\varphi - \frac{4}{\gamma H}(1+\lambda)\sin\varphi\cos\varphi \cdot c - \frac{4}{(\gamma H)^2}c^2\cos^2\varphi = 0$$

$$\tag{3-15}$$

式(3-15)可以写成如下函数形式:

$$f(A) = K_1 A^4 + K_2 A^3 + K_3 A^2 + K_4 A + K_5 = 0 \qquad (3\text{-}16)$$

下面将 $(1-\lambda)\sin 2\theta = m$ 和 $(1-\lambda)\cos 2\theta = n$ 代入式(3-15),则 $K_1 \sim K_5$ 各系数为:

$$K_1 = 9m^2 + 9n^2 = 9(1-\lambda)^2$$

$$K_2 = -\left[12m^2 + 12n^2 + 6n(1+\lambda)\right]$$

$$= -\left[12(1-\lambda)^2 + 6(1-\lambda^2)\cos 2\theta\right]$$

$$= -12(1-\lambda)^2 - 6(1-\lambda^2)\cos 2\theta$$

$$K_3 = 10n^2 + (1+\lambda)^2 + 4n(1+\lambda) + 4n^2\sin^2\varphi - 2m^2$$

$$= 10(1-\lambda)^2\cos^2 2\theta + (1+\lambda)^2 + 4(1-\lambda^2)\cos 2\theta +$$

$$4(1-\lambda)^2\cos^2 2\theta\sin^2\varphi - 2(1-\lambda)^2\sin^2 2\theta$$

$$= 2(1-\lambda)^2\cos^2 2\theta(5 + 2\sin^2\varphi) - 2(1-\lambda)^2\sin^2 2\theta +$$

$$(1+\lambda)^2 + 4(1-\lambda^2)\cos 2\theta$$

$$= 2(1-\lambda)^2\left[\cos^2 2\theta(5 + 2\sin^2\varphi) - \sin^2 2\theta\right] +$$

$$(1+\lambda)^2 + 4(1-\lambda^2)\cos 2\theta$$

$$K_4 = -\left[4n^2 + 2n(1+\lambda) + 4n(1+\lambda)\sin^2\varphi - 4m^2 - 8n\frac{1}{\gamma H}\sin\varphi\cos\varphi \cdot c\right]$$

$$= -\left\{4(1-\lambda)^2\left[\cos^2 2\theta - \sin^2 2\theta\right] + 2(1-\lambda^2)\cos 2\theta(1 + 2\sin^2\varphi) - \frac{8}{\gamma H}(1-\lambda)\cos^2\theta\sin\varphi\cos\varphi \cdot c\right\}$$

$$= -4(1-\lambda)^2\cos 4\theta - 2(1-\lambda^2)\cos 2\theta(1 + 2\sin^2\varphi) +$$

$$\frac{4}{\gamma H}(1-\lambda)\cos 2\theta\sin 2\varphi \cdot c$$

$$K_5 = m^2 + n^2 - (1+\lambda)^2\sin^2\varphi - \frac{4}{\gamma H}(1+\lambda)\sin\varphi\cos\varphi \cdot c - \frac{4}{(\gamma H)^2}c^2\cos^2\varphi$$

$$= (1-\lambda)^2 - (1+\lambda)^2\sin^2\varphi - \frac{4}{\gamma H}(1+\lambda)\sin\varphi\cos\varphi \cdot c - \frac{4}{(\gamma H)^2}c^2\cos^2\varphi$$

$$= (1-\lambda)^2 - \sin^2\varphi\left[(1+\lambda)^2 + \frac{4c}{\gamma H}(1+\lambda)\frac{\cos\varphi}{\sin\varphi} + \frac{4c^2}{(\gamma H)^2}\frac{\cos^2\varphi}{\sin^2\varphi}\right]$$

$$= (1-\lambda)^2 - \sin^2\varphi\left(1 + \lambda + \frac{2c}{\gamma H}\frac{\cos\varphi}{\sin\varphi}\right)^2$$

通过以上推导分析,将 $A = \dfrac{a^2}{R_\theta^2}$ 代入式(3-16),获得非均匀应力场条件下

圆形巷道围岩塑性区的边界方程,即

$$f\left(\frac{a}{R_\theta}\right) = K_1\left(\frac{a}{R_\theta}\right)^8 + K_2\left(\frac{a}{R_\theta}\right)^6 + K_3\left(\frac{a}{R_\theta}\right)^4 + K_4\left(\frac{a}{R_\theta}\right)^2 K_5 = 0 \tag{3-17}$$

式中　a_0——圆形巷道半径;

　　　R_θ——对应 θ 角处的塑性区深度。

$K_1 = 9(1-\lambda)^2$

$K_2 = -12(1-\lambda)^2 - 6(1-\lambda^2)\cos 2\theta$

$K_3 = 2(1-\lambda)^2[\cos^2 2\theta(5+2\sin^2\varphi) - \sin^2 2\theta] + (1+\lambda)^2 + 4(1-\lambda^2)\cos 2\theta$

$K_4 = -4(1-\lambda)^2\cos 4\theta - 2(1-\lambda^2)\cos 2\theta(1+2\sin^2\varphi) + \frac{4}{\gamma H}(1-\lambda)\cos 2\theta\sin 2\varphi \cdot c$

$K_5 = (1-\lambda)^2 - \sin^2\varphi\left(1+\lambda+\frac{2c}{\gamma H} \cdot \frac{\cos\varphi}{\sin\varphi}\right)^2$

在巷道埋深 H、巷道围岩重力密度 γ、侧压系数 λ、巷道半径 a、围岩黏聚力 c 和内摩擦角 φ 都给定的情况下,即可计算出巷道的围岩塑性区边界位置。非均匀应力场中的巷道围岩塑性区边界计算相对复杂,影响因素也相对较多。为了便于分析,我们编写了非均匀应力场条件下均质岩体圆形巷道围岩塑性边界绘图系统,如图 3-4 所示。在应用时,只需输入相应的巷道埋深、巷道围岩容重、侧压系数、巷道半径、围岩黏聚力和内摩擦角等参数的数值,便可快速、直观地显示巷道塑性区形态。

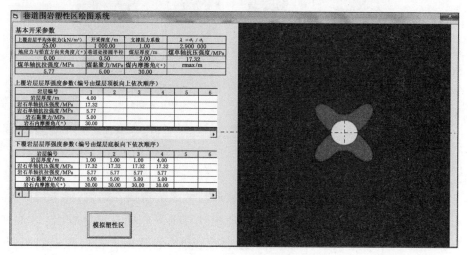

图 3-4　巷道围岩塑性区绘图系统界面

由式(3-16)还可以看出,高应力比值是影响巷道围岩塑性区分布的核心因素。当巷道周边应力大于围岩强度且应力比值较大时,围岩发生剪切破坏,巷道围岩塑性区不再是双向等压应力场条件下的圆形分布,而是呈蝶形分布。图 3-5 为均质岩体圆形巷道围岩塑性边界。可以看出,当双向等压(λ=1)时,巷道围岩塑性区呈圆形分布;当双向压力比值不大(λ=0.7)时,巷道围岩塑性区开始显现蝶形特征;当双向压力比值较大(λ=0.5)时,巷道围岩蝶形塑性区蝶叶扩展明显;随着双向压力比值的继续增大(λ=0.4),蝶叶扩张程度加大。

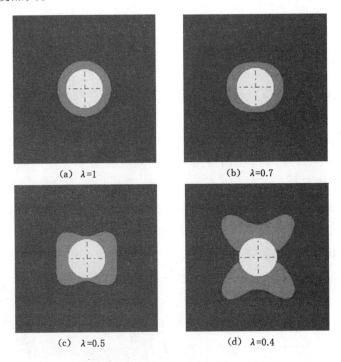

(a)　λ=1　　　　　　　　(b)　λ=0.7

(c)　λ=0.5　　　　　　　(d)　λ=0.4

图 3-5　不同侧压系数巷道围岩蝶形塑性区理论计算结果

($H=800$ m,$a=2.0$ m,$c=3$ MPa,$\varphi=20°$)

图 3-6 为不同侧压系数巷道围岩蝶形塑性区数值模拟结果,所采用的岩石力学参数和边界条件均与图 3-5 的理论计算结果相同。可以看出,当 λ=1 时,巷道围岩塑性区呈圆形分布;当 λ=0.7 时,巷道围岩塑性区近似椭圆形分布,但椭圆形塑性区周边已有蝶叶萌生的迹象;当 λ=0.5 时,巷道围岩

蝶形塑性区蝶叶扩展明显;当 $\lambda = 0.4$ 时,巷道围岩蝶形塑性区蝶叶扩展程度加剧。对比两种计算结果可以看出,塑性区尺寸有一定的差别,数值模拟结果稍大于理论结算结果。但从塑性区分布形态上看,数值模拟结果与理论计算结果是高度一致的,扩展规律也是相同的。

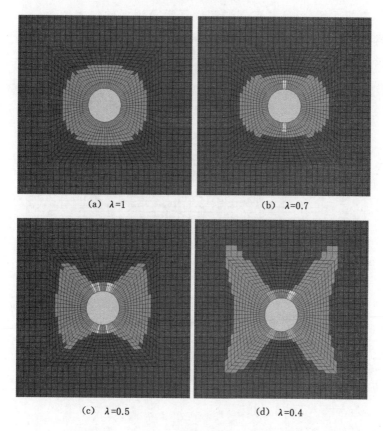

(a) $\lambda = 1$　　　　　　　　(b) $\lambda = 0.7$

(c) $\lambda = 0.5$　　　　　　　　(d) $\lambda = 0.4$

图 3-6　不同侧压系数条件下巷道围岩蝶形塑性区数值模拟结果

($H = 800$ m, $a = 2.0$ m, $c = 3$ MPa, $\varphi = 20°$)

3.2.4　巷道围岩塑性区深度的影响因素

利用推导出的非均匀应力场条件下的塑性区边界方程,分析巷道埋深 H、极角 θ、侧压系数 λ、黏聚力 c、内摩擦角 φ、巷道半径 a 等对围岩塑性区深度的影响[36]。

(1) 巷道埋深对围岩塑性区深度的影响

图 3-7 为侧压系数为 0.5 时圆形巷道不同岩性围岩塑性区深度随埋深的变化情况。从图中曲线趋势可知,巷道围岩产生塑性区存在一定的临界深度 H_c,当巷道埋深小于临界深度 H_c 时,巷道围岩载荷较小,没有超过围岩的强度,巷道围岩不发生塑性破坏;在埋深超过临界深度 H_c 后,巷道围岩开始产生塑性区,而且巷道围岩塑性区随着埋深的加大持续增大。对于围岩岩性不同的巷道,其产生塑性区的临界深度也不相同,强度小的围岩产生塑性区的临界深度越小,强度高的围岩产生塑性区的临界深度越大。

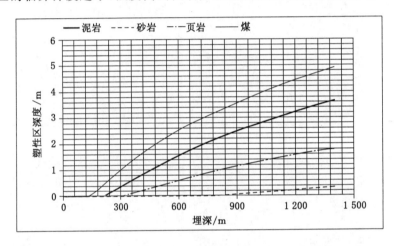

图 3-7 不同性质围岩的巷道塑性区深度随埋深的变化

已知 $\lambda = 0.5, \theta = 45°, a = 2.5 \text{ m}, \gamma = 2.5 \times 10^4 \text{ N/m}^3$,则:

煤:$c = 2 \text{ MPa}, \varphi = 20°$;

砂岩:$c = 8 \text{ MPa}, \varphi = 35°$;

页岩:$c = 4 \text{ MPa}, \varphi = 25°$;

泥岩:$c = 3 \text{ MPa}, \varphi = 20°$。

(2)巷道不同角度围岩的塑性区深度

根据传统的卡斯特奈公式计算的巷道围岩塑性区均为圆形,而在非均匀应力场条件下,即巷道围岩侧压系数不等于 1.0 的情况下巷道围岩塑性区不再是圆形。圆形巷道不同角度处的围岩塑性区表现出不同的深度。

图 3-8 为巷道不同角度围岩塑性区深度随埋深的变化情况。在侧压系数不等于 1.0 的情况下,巷道不同角度处围岩塑性区的临界深度有所不同。在

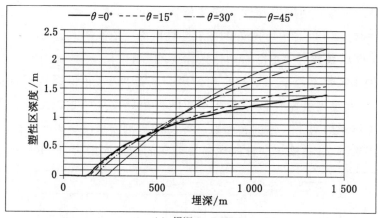

(a) 埋深 0～1 400 m

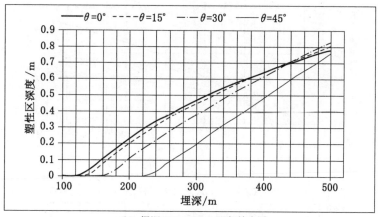

(b) 埋深 100～500 m 局部放大图

图 3-8　巷道不同角度围岩塑性区深度随埋深的变化情况

($\lambda=0.5, a=2.5$ m, $c=3$ MPa, $\varphi=25°$, $\gamma=2.5\times10^4$ N/m³)

侧压系数为 0.5 的情况下,随着巷道埋深的增加,围岩塑性区深度逐渐增加。当埋深增加至 140 m 时,巷道 $\theta=0°$ 处率先产生塑性区;当埋深增加至 160 m 时,巷道 $\theta=15°$ 处开始产生塑性区;当埋深增加至 180 m 时,巷道 $\theta=30°$ 处开始产生塑性区;当埋深增加至 240 m 时,巷道 $\theta=45°$ 处开始产生塑性区。不同角度处围岩塑性区随埋深的增长速率不同,在 0°～45° 极角范围内,临界深度小的围岩塑性区增长速率小,临界深度大的围岩塑性区增长速率大,巷道 $\theta=0°$、$\theta=15°$、$\theta=30°$、$\theta=45°$ 等处的围岩塑性区增长速率依次增大,这样就引起以下现象:当埋深大于产生塑性区的临界深度而小于 500 m 时,巷道 $\theta=0°$、$\theta=15°$、

$\theta=30°$、$\theta=45°$等处的围岩塑性区深度依次减小；当埋深大于 500 m 时，巷道 $\theta=0°$、$\theta=15°$、$\theta=30°$、$\theta=45°$等处的围岩塑性区深度依次增大。

（3）侧压系数对巷道围岩塑性区深度的影响

在侧压系数不等于 1.0 的非均匀应力场条件下，巷道围岩塑性区不再是圆形，而巷道围岩塑性区深度在不同的极角处发生明显的变化。下面分析不同侧压系数对于巷道围岩塑性区深度的影响。从图 3-9 可以看出，在不同侧压系数下，巷道围岩塑性区均随着埋深的增加而增大，但不同侧压系数

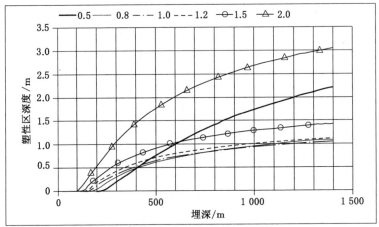

（a）埋深 0～1 400 m

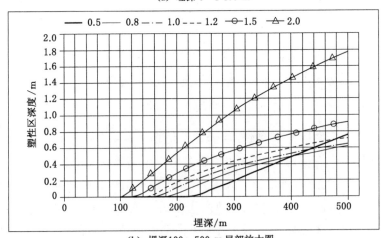

（b）埋深 100～500 m 局部放大图

图 3-9 侧压系数对巷道围岩塑性区深度的影响

（$\theta=45°$，$a=2.5$ m，$c=3$ MPa，$\varphi=25$，$\gamma=2.5\times10^4$ N/m³）

下巷道围岩产生塑性区的临界深度和增长速率不同。随着埋深的增加,侧压系数越大的巷道围岩越早出现塑性区,围岩出现塑性区的临界深度越小。当埋深为 120 m 时,侧压系数为 2.0 的巷道围岩产生塑性区;当埋深为 140 m 时,侧压系数为 1.5 的巷道围岩产生塑性区;当埋深为 160 m 时,侧压系数为 1.2 的巷道围岩产生塑性区;当埋深为 180 m 时,侧压系数为 1.0 的巷道围岩产生塑性区;当埋深为 200 m 时,侧压系数为 0.8 的巷道围岩产生塑性区;当埋深为 240 m 时,侧压系数为 0.5 的巷道围岩产生塑性区。随着埋深的增加,侧压系数越接近1.0 的巷道围岩塑性区深度的增加速率越小,侧压系数越远离1.0 的巷道围岩塑性区深度的增加速率越大,即巷道围岩应力场越不均匀,巷道围岩塑性区深度随埋深的增加速率越快。从巷道围岩塑性区深度上看,巷道围岩应力场越不均匀,围岩塑性区深度越大。

（4）内摩擦角对巷道围岩塑性区深度的影响

巷道围岩的内摩擦角对于巷道围岩的塑性区深度也有重要的影响,巷道围岩塑性区深度随着内摩擦角的减小而增大。从图 3-10 可以看出,随着巷道埋深的增加,具有不同内摩擦角的巷道围岩塑性区的临界深度和塑性区深度增大速率不同。巷道围岩的内摩擦角越小,巷道围岩产生塑性区的临界深度就越小。随着巷道埋深的增加,当巷道埋深为 100 m 时,内摩擦角为 15°的巷道围岩首先出现塑性区;当巷道埋深为 120 m 时,内摩擦角为 25°的巷道围岩出现塑性区;当巷道埋深为 150 m,内摩擦角为 35°的巷道围岩出现塑性区;当巷道埋深为 190 m,内摩擦角为 45°的巷道围岩出现塑性区。从巷道围岩塑性区随埋深增加的增大趋势看,内摩擦角为 15°的围岩塑性区增大速率逐渐变大,而内摩擦角为 25°～35°的围岩塑性区增大速率随着埋深的增加而逐渐减小,围岩塑性区变化曲线逐渐趋于平稳。

（5）黏聚力对巷道围岩塑性区深度的影响

巷道围岩的黏聚力对于巷道围岩塑性区深度影响明显,随着黏聚力的增加,巷道围岩的塑性区深度明显减小。从图 3-11 可以看出,随着巷道埋深的增加,具有不同黏聚力的巷道围岩产生塑性区的临界深度和塑性区增大速率不同。

巷道围岩的黏聚力越小,巷道围岩产生塑性区的临界深度越小。随着巷道埋深的增加,当巷道埋深为 80 m 时,黏聚力为 1 MPa 的巷道围岩率先

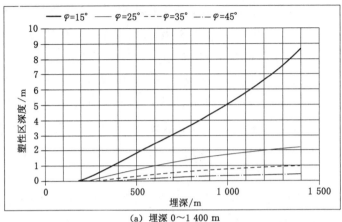

(a) 埋深 0~1 400 m

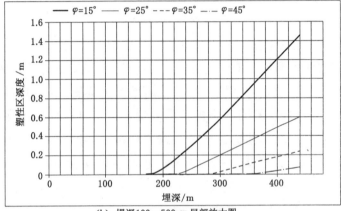

(b) 埋深100~500 m局部放大图

图 3-10 内摩擦角对巷道围岩塑性区深度的影响

($\theta=45,\lambda=0.5,r=2.5$ m,$c=3$ MPa,$\gamma=2.5\times10^4$ N/m³)

产生塑性区;当巷道埋深为 120 m 时,黏聚力为 3 MPa 的巷道围岩开始出现塑性区;当巷道埋深为 200 m 时,黏聚力为 5 MPa 的巷道围岩开始出现塑性区;当巷道埋深为 290 m 时,黏聚力为 7 MPa 的巷道围岩开始出现塑性区;当巷道埋深为 370 m 时,黏聚力为 9 MPa 的巷道围岩开始出现塑性区;当巷道埋深为 460 m 时,黏聚力为 11 MPa 的巷道围岩开始出现塑性区。不同黏聚力的巷道围岩塑性区深度变化曲线随着埋深的增加逐渐趋于平稳,随着巷道深度的持续增加,巷道围岩塑性区深度对埋深的敏感性逐渐减弱。

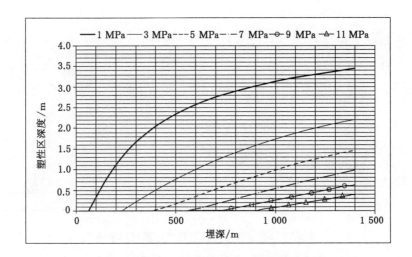

图 3-11　黏聚力对巷道围岩塑性区深度的影响

$(\lambda=0.5, a=45, r=2.5 \text{ m}, \varphi=25, \gamma=2.5\times10^4 \text{ N/m}^3)$

（6）巷道半径对围岩塑性区深度的影响

不同半径的圆形巷道其围岩塑性区深度不同,圆形巷道的半径越大,其围岩塑性区深度越大。从图 3-12 可以看出,巷道半径对于围岩形成塑性区的临界深度没有影响,具有相同岩性条件而具有不同半径的巷道围岩均在同一埋深条件下开始产生塑性区,说明巷道围岩产生塑性区的临界深度只与巷道的岩性条件和上覆岩层重力密度有关,与巷道断面尺寸无关。但是,巷道半径对于围岩塑性区的增长速率具有明显的影响,巷道的半径越大,随着巷道埋深的增加,巷道围岩塑性区深度的增加速率越大,导致断面大的巷道围岩塑性区深度大,断面小的巷道围岩塑性区深度小。

3.2.5　巷道围岩蝶形塑性区的蝶叶方向性

巷道埋深、巷道围岩容重、侧压系数、巷道半径、围岩黏聚力和内摩擦角是影响巷道围岩塑性区形状和尺寸的重要影响因素。当蝶形塑性区形状和尺寸一定时,对巷道稳定性起决定性的因素便是蝶叶方位。对于巷道围岩的变形破坏主要是由围岩塑性区引起的这一论断,已成为学术界的共识。当蝶形塑性区蝶叶位于顶板上方时,顶板将具有较大的塑性破裂深度,顶板稳定性最差。因此,巷道围岩蝶形塑性区的蝶叶方向性是研究巷道冒顶机理的关键因素。图 3-13 为巷道围岩塑性区主要尺寸表征示

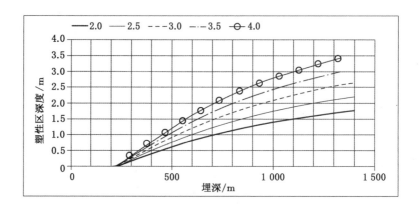

图 3-12 巷道半径对围岩塑性区深度的影响

($\theta=45°,\lambda=0.5,c=3$ MPa$,\varphi=25°,\gamma=2.5\times10^4$ N/m³)

意图。因此,在应力方向一定的情况下,巷道蝶叶扩展程度是反映巷道围岩稳定性最直接的指标。为了便于分析,定义非圆形巷道围岩蝶形塑性区蝶叶最大尺寸 r_{max} 与巷道外接圆半径 r 的比值为蝶叶扩展系数,定义蝶叶对称轴与层状岩体分界面垂线夹角为蝶叶偏移角 β。

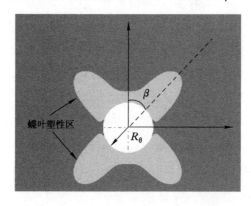

图 3-13 巷道围岩塑性区主要尺寸表征示意图

理论和数值模拟研究发现,无论是圆形巷道还是矩形巷道,围岩蝶形塑性区具有的方向性,主应力方向与蝶形塑性区蝶叶方向具有一一对应的关系。图 3-14 为巷道围岩蝶形塑性区形态与主应力方向的关系。可以看出,当最大主应力方向水平时,塑性区蝶叶近似倾斜 45°朝顶底板扩展,

蝶叶偏移角 $\beta = 45°$，随着最大主应力方向的旋转，蝶叶方向也随之偏转相等的角度；当最大主应力方向与竖直方向夹角为 45° 时，蝶形塑性区位于顶板的正上方，蝶叶偏移角 $\beta = 0°$，这种蝶形塑性区方位形态对巷道顶板稳定性是极为不利的。然而，围岩塑性区具有蝶形特征的高偏应力巷道所处应力环境，主应力方向一般不是水平或垂直的，其塑性区蝶叶方向会朝向顶板。

由矩形巷道塑性区数值模拟结果（图 3-14）还可以看出，由于受巷道形状影响，矩形巷道周边围岩塑性区在旋转过程中呈现一定的不均匀性，对塑性区蝶叶形态有一定的影响，但在围岩塑性区蝶形特征明显时，这种影响并不大。例如，当 $\beta = 0°$ 时，顶板塑性破坏深度基本等于塑性区蝶叶长度。

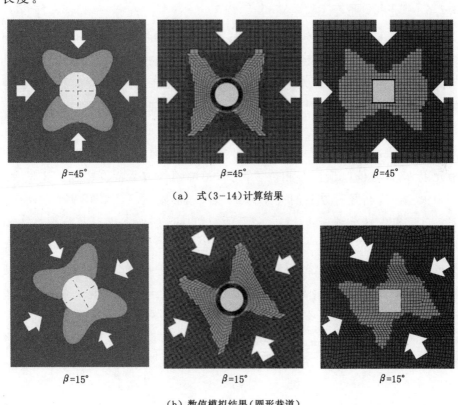

$\beta = 45°$　　　　$\beta = 45°$　　　　$\beta = 45°$

（a）式（3-14）计算结果

$\beta = 15°$　　　　$\beta = 15°$　　　　$\beta = 15°$

（b）数值模拟结果（圆形巷道）

图 3-14　巷道围岩蝶形塑性区形态与主应力方向的关系

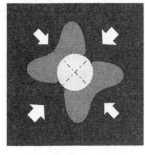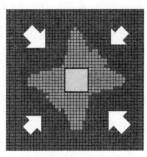

$\beta=0°$ $\beta=0°$ $\beta=0°$

（c）数值模拟结果（矩形巷道）

图 3-14 （续）

3.2.6 蝶形破坏形态工程意义

当双向主应力比值较大时,巷道围岩塑性区形状呈现为蝶形,而且蝶叶均位于两个主应力方向夹角的角平分线附近,即蝶形塑性区的蝶叶位置具有方向性。但是,随着最大主应力方向的改变,蝶形塑性区的蝶叶位置也会发生改变。当最大主应力与竖直方向的夹角为 0°时,蝶形塑性区的蝶叶位于巷道围岩 4 个角部位置,顶、底板破坏范围较小;当最大主应力与竖直方向的夹角为 30°时,蝶形塑性区的蝶叶发生偏转,但蝶叶并非完全偏转至顶板正上方,而是偏向顶板右侧位置,此时帮部塑性破坏范围也进一步增大;当最大主应力与竖直方向的夹角为 45°时,蝶形塑性区的蝶叶发生偏转,此时蝶叶完全偏转至顶板正上方位置,顶板塑性区破坏深度以及范围将达到最大,帮部破坏范围达到最大。若巷道围岩条件较差,当主应力方向不为水平或垂直时,蝶形塑性区的蝶叶位置会位于巷道顶板,此时的顶板破坏深度以及范围最大,巷道将出现严重的冒顶事故。

3.3 塑性区隔层扩展及其对顶板稳定的影响

在均质围岩条件下,巷道顶板塑性区呈规则的蝶叶形态。然而,巷道岩体环境一般是非均质的,具有分层特点,蝶叶在顶板中的扩展规律主要取决于巷道顶板岩层组合与岩层力学性质,非均匀应力场条件下层状岩体巷道围岩塑性区边界尚无法直接进行理论计算,可采用数值模拟的方法获得。

3.3.1　复合顶板塑性区隔层扩展的一般规律

文献[45]选取软弱岩层顶板、含软弱夹层顶板、含坚硬岩层顶板、软硬相间顶板等几种典型岩层组合的顶板条件,分析不同主应力方向(采动巷道周边围岩主应力方向)条件下几种典型岩层组合顶板的塑性区分布规律。当蝶形塑性区偏转至巷道顶板上方时,巷道顶板稳定性最差。为了便于集中分析,围绕蝶叶位于顶板上方这一典型条件下的圆形巷道、矩形巷道蝶形塑性区分布形态,我们进行了系统研究。

3.3.1.1　圆形巷道顶板蝶形塑性区穿透特性数值模拟

(1) 蝶叶位于顶板正上方($\beta=0°$)时蝶形塑性区分布数值模拟

图 3-15 为 800 m 埋深、侧压系数为 0.4 条件下巷道不同岩层组合顶板蝶形塑性区数值模拟结果,巷道半径设为 2.0 m,表 3-1 为数值模拟时层状岩体巷道各层岩石所采用的力学参数。当顶板岩层为均质软弱泥岩体时,如图 3-15(a)所示,巷道顶板塑性区呈规则的蝶叶形态,蝶形塑性区深度数值模拟计算结果为 5.0 m。为了便于分析,将这种软弱岩体顶板条件下蝶形塑性区分布最大范围称为蝶形影响区。也就是说,在有可能产生蝶形塑性破坏的顶板岩层中,其力学强度最低的岩层所对应的蝶形塑性区分布范围为蝶形影响区。

当顶板上方 1.0~2.0 m 岩层为力学强度较高的粗砂岩、其他层位顶板岩石力学参数保持不变时,如图 3-15(b)所示,顶板蝶形塑性区在该坚硬岩层位置处出现平齐截止,而其他层位顶板位置处的塑性区形态和尺寸几乎不变,坚硬岩层的存在不能阻断蝶形塑性区的扩展,顶板蝶形塑性区呈现出明显的穿透特性。当改变坚硬岩层厚度与分布位置时,即顶板上方 1.0~2.5 m、4.0 m 以上岩层为坚硬岩层、其他层位顶板岩石力学参数保持不变时,如图 3-15(c)所示,在坚硬岩层位置处的蝶形塑性区依然出现平齐截止,其他层位顶板位置处的塑性区形态和尺寸几乎不变。

表 3-1　数值模拟时巷道顶板各层岩石力学参数

层标	内摩擦角/(°)	黏聚力/MPa	密度/(kg·m⁻³)	剪切模量/GPa	体积模量/GPa
粗砂岩	28	9.0	2 700	9.0	10.2
泥岩	24	2.6	2 200	4.8	5.4
砂质泥岩	26	4.0	2 600	5.7	2.2
煤	27	6.5	1 400	6.0	7.6
粉砂岩	28	7.0	2 500	8.5	8.2

顶板蝶形塑性区的穿透特性在软硬相间的顶板岩层组合条件下同样存在,如图 3-15(d)所示,1.0～2.0 m、2.0～2.5 m、4.0 m 以上力学强度较高的粗砂岩,其他层位顶板为软弱泥岩。可以看出,巷道顶板发生非连续塑性破坏,蝶形塑性区在坚硬岩层位置处发生隔断,而软弱岩层位置处的蝶形塑性区形态和尺寸基本不变;同时,这种蝶形塑性区的分布特性与软弱夹层的厚度无关,只要顶板上方蝶形塑性区影响区域内存在软弱夹层,势必出现与之相对应的蝶形塑性区分布,而蝶形影响区较大的尺寸是蝶形塑性区穿透的前提。

研究表明,软弱夹层位置处的蝶形塑性区分布并不受其下位岩层岩石力学参数的变化而改变,而取决于其上位岩层的力学参数,如图 3-16 所示。相对于图 3-16(a),在现场实际允许的范围内,图 3-16(b)变换了 1.0～2.0 m层位顶板的力学参数,使得蝶形塑性区在该层位内顶板有一定的扩展,但并不影响原本 2.5～4.0 m 范围内软弱岩层的塑性区分布。也就是说,无论蝶形影响区软弱岩层下位岩层是否为塑性或塑性分布情况如何,都对软弱岩层的蝶形塑性区分布几乎没有影响。

此外,在复合顶板巷道中,有一类巷道顶、底板中存在一层或多层的软弱夹层,这类软弱夹层一般是相对坚硬岩层中的力学强度较低的岩石薄层,是层状岩体中一种特殊的成层结构。该类巷道顶板在煤矿中存在也较为广泛,研究含软弱夹层顶底板巷道围岩蝶形塑性区异化规律对巷道围岩破坏机理的认识与稳定控制具有重要意义。由图 3-15 和图 3-16 不难看出,顶板蝶形影响区内软弱岩层的存在,会对顶板蝶形塑性区分布产生较为显著的影响。图 3-17 为不同条件顶板软弱夹层对蝶形塑性区分布的

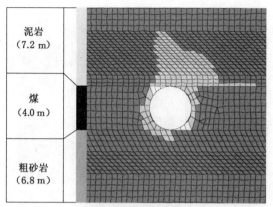

（a）均质软弱泥岩顶板

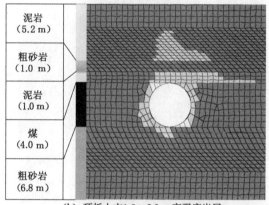

（b）顶板上方1.0～2.0 m高强度岩层

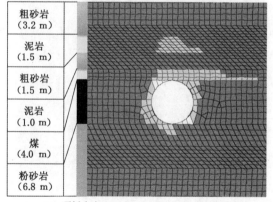

（c）顶板上方1.0～2.5 m、4.0 m以上坚硬岩层

图3-15 巷道不同岩层组合顶板蝶形塑性区计算结果

（$H=800$ m,$a=2.0$ m,$\lambda=0.4$,$\gamma=25$ kN/m³,$\beta=0°$）

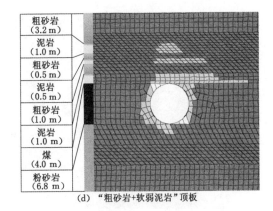

（d）"粗砂岩+软弱泥岩"顶板

图 3-15 （续）

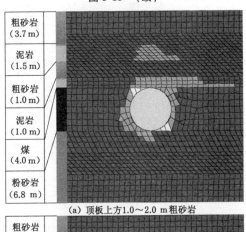

（a）顶板上方1.0～2.0 m粗砂岩

（b）顶板上方1.0～2.0 m砂质泥岩

图 3-16 下位岩层塑性区分布对顶板软弱夹层塑性区分布的影响

（$H=800$ m,$a=2.0$ m,$\lambda=0.4$,$\gamma=25$ kN/m^3,$\beta=0°$）

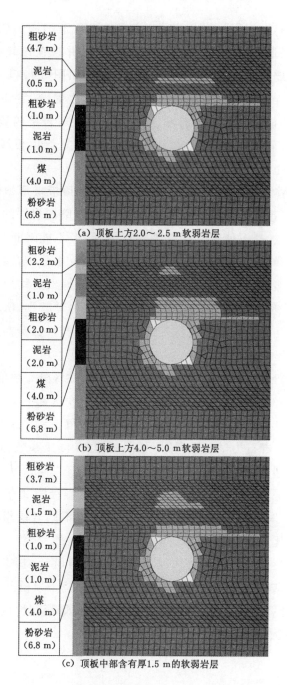

（a）顶板上方2.0～2.5 m软弱岩层

（b）顶板上方4.0～5.0 m软弱岩层

（c）顶板中部含有厚1.5 m的软弱岩层

图 3-17　不同条件软弱夹层对蝶形塑性区分布的影响

（$H=800$ m，$a=2.0$ m，$\lambda=0.4$，$\gamma=25$ kN/m³，$\beta=0°$）

影响。如图 3-17(a)所示,顶板上方 2.0~2.5 m 范围内为软弱层,虽然厚度很小,但是蝶形塑性区仍明显穿透坚硬岩层,并且在该软弱岩层区域重新形成。当软弱岩层位置位于巷道顶板深部,如图 3-17(b)所示,顶板上方 4.0~5.0 m 范围内为软弱层,蝶形塑性区亦穿透至该区域。图 3-17(c)为顶板中部层位含有厚度为 1.5 m 软弱岩层的数值模拟结果。可以看出,顶板软弱夹层厚度越大、分布位置越靠近顶板浅部,影响顶板稳定性的程度也越为剧烈。

由蝶叶偏移角 $\beta=0°$ 条件下的层状岩体巷道顶板蝶形塑性区分布数值模拟结果可知,巷道顶板蝶形塑性区影响区域内,坚硬岩层的存在会限制蝶形塑性区的扩展,甚至使塑性区出现彻底隔断,但不能阻断塑性区的形成;蝶形塑性区会穿透坚硬岩层在强度较低的岩层重新分布,蝶形影响区较大的尺寸给蝶形塑性区穿透创造了条件;传统理论得出的均匀应力场条件下的圆形、椭圆形塑性区分布,由于塑性破坏深度相对较小,所以塑性区一般不具有穿透特性;同时,这种软弱夹层位置处蝶形塑性区分布形态几乎不受其下位岩层的影响。

(2) 蝶叶位于顶板斜上方($\beta=15°$)时蝶形塑性区分布数值模拟

在进行回采巷道布置的工程实际中,煤柱宽度达到一定的宽度,蝶形塑性区巷道的蝶叶位于顶板斜上方,选取蝶叶偏移角 $\beta=15°$ 这一条件,同样采用表 3-1 所列的岩石力学参数,按照相同的埋深、侧压系数、巷道尺寸、岩层组合进行蝶形塑性区的数值模拟补充分析和验证。

当巷道埋深为 800 m、侧压系数为 0.4、巷道半径为 2.0 m、蝶叶偏移角 $\beta=15°$ 时,如图 3-18 所示,将 $\beta=15°$ 与 $\beta=0°$ 巷道不同岩层组合顶板蝶叶穿透特性进行对比分析。

当顶板岩层为均质软弱岩体时,如图 3-18(a)所示,巷道顶板塑性区呈规则的蝶叶形,蝶形塑性区深度为 5.0 m,与蝶叶位于顶板上方时相差不大。但是,由于蝶叶并非完全偏转,致使 $\beta=15°$ 时顶板蝶形塑性区总体面积相对较小,且大体偏于顶板岩层垂线 30°。

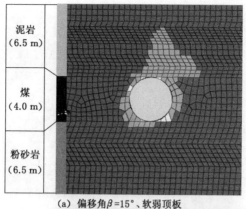

(a) 偏移角 β=15°、软弱顶板

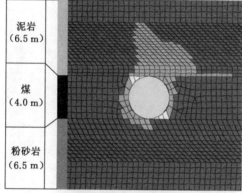

(b) 偏移角 β=0°、软弱顶板

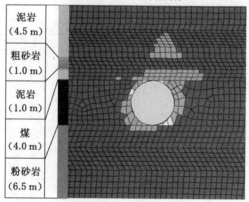

(c) 偏移角 β=15°、含坚硬层顶板

图 3-18　$\boldsymbol{\beta}$＝15°与 $\boldsymbol{\beta}$＝0°巷道不同岩层组合顶板蝶叶穿透特性对比

（H＝800 m, a＝2.0 m, λ＝0.4, γ＝25 kN/m³）

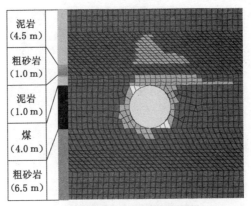

（d）偏移角β=0°、含坚硬层顶板

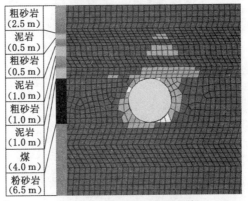

（e）偏移角β=15°、软弱相间顶板

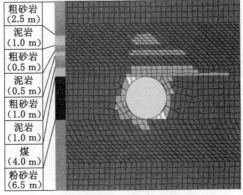

（f）偏移角β=0°、软弱相间顶板

图3-18 （续）

当顶板上方1.0～2.0 m岩层为坚硬岩层、其他层位顶板岩石力学参数保持不变时，如图3-18(c)所示，顶板蝶形塑性区在该坚硬岩层位置处出现平齐截止，而其他层位顶板位置处的塑性区形态和尺寸几乎不变，顶板蝶形塑性区呈现出明显的穿透特性；相对于 $\beta=0°$ 时，顶板位置处的塑性区形态和面积有些许改变，蝶叶方向发生偏移，塑性区深度变化不大。

在软硬相间的顶板岩层组合条件下，如图3-18(e)所示，1.0～2.0 m、3.0～3.5 m、4.0 m以上为坚硬岩层，其他层位顶板为松软顶板。可以看出，蝶形塑性区在坚硬岩层位置处发生隔断，而软弱岩层位置处的蝶形塑性区形态和尺寸基本不变，巷道顶板发生"间隔型"的非连续塑性破坏，与 $\beta=0°$ 时相同，这种蝶形塑性区的分布特性与软弱夹层的厚度无关，只要顶板上方蝶形塑性区影响区域内存在软弱夹层，蝶形塑性区势必产生穿透效应。

图3-19为蝶叶偏移角 $\beta=15°$ 时下位岩层塑性区分布对顶板软弱夹层塑性区分布的影响。软弱夹层位置处的蝶形塑性区分布并不受其下位岩层岩石力学参数的变化而改变，只取决于其上位岩层的力学参数。相对于图3-19(a)，图3-19(b)将1.0～2.0 m层位顶板的力学参数由粗粒砂岩变为粉砂岩，使得蝶形塑性区在该层位内顶板有一定的扩展，但并不影响原本软弱岩层范围内的塑性区分布。

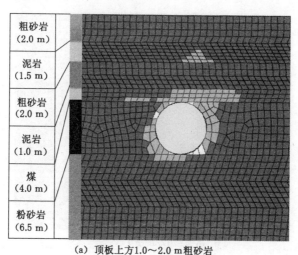

(a) 顶板上方1.0～2.0 m粗砂岩

图3-19　下位岩层塑性区分布对顶板软弱夹层塑性区分布的影响

（$H=800$ m，$a=2.0$ m，$\lambda=0.4$，$\gamma=25$ kN/m³，$\beta=15°$）

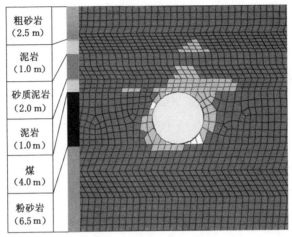

（b）顶板上方1.0～2.0 m砂质泥岩

图 3-19 （续）

图 3-20 为蝶叶偏移角 $\beta=15°$ 时不同条件软弱夹层对蝶形塑性区分布的影响。顶板上方 2.0～2.5 m 范围内为软弱层，虽然厚度很小，但是蝶形塑性区仍明显穿透坚硬岩层，在该软弱岩层区域重新形成。当软弱岩层位置位于巷道顶板深部，顶板软弱夹层厚度越大，影响顶板稳定性的程度也越为剧烈。

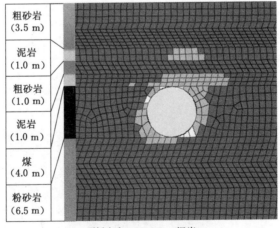

（a）顶板上方2.0～3.0 m泥岩

图 3-20　不同条件软弱夹层对蝶形塑性区分布的影响

（$H=800$ m，$a=2.0$ m，$\lambda=0.4$，$\gamma=25$ kN/m³，$\beta=15°$）

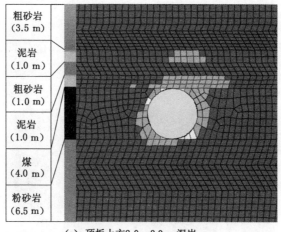

（a）顶板上方 2.0～3.0 m 泥岩

图 3-20　（续）

3.3.1.2　矩形巷道顶板蝶形塑性区穿透特性数值模拟

随着支护技术与施工工艺的发展,矩形巷道由于成巷快、支护施工方便、断面利用率高,其所占比例越来越大。目前,矩形巷道可达到矿井巷道比例的 80% 以上,几乎所有矿井的回采巷道均为矩形断面。由于巷道断面形状对蝶形塑性区影响程度有限,尤其是对蝶叶扩展程度影响较小,因此下面采用数值模拟方法,建立数值模型(矩形巷道的宽:高=5:4),着重讨论矩形巷道顶板蝶叶特征的穿透特性。

当埋深为 800 m、侧压系数为 0.4、巷道宽度 5.0 m、巷道高度 4.0 m、蝶形塑性区偏向顶板时,如图 3-21 所示,将 $\beta=15°$ 与 $\beta=0°$ 矩形巷道不同岩层组合顶板蝶叶穿透特性进行对比分析。当 $\beta=0°$ 时,蝶形塑性区基本分布于巷道正上方;当 $\beta=15°$ 时,由于蝶叶并非完全偏转至顶板正上方,致使 $\beta=15°$ 时顶板蝶形塑性区总体面积相对较小,且大体偏于顶板岩层垂线 15°。

当顶板上方 3.0～4.0 m 岩层为坚硬岩层(粗砂岩)、其他层位顶板为软弱的泥岩层时,如图 3-21(a)与图 3-21(b)所示,顶板蝶形塑性区在该坚硬岩层位置处出现隔断但未完全平行截止,而其他层位顶板位置处的塑性区呈现出明显的穿透后的蝶形塑性区。这是由于非均匀应力场条件下矩形巷道周边应力分布较为复杂,致使蝶形塑性区在顶板浅部围岩中比圆形巷道穿透能力更强。当顶板上方 2.0～3.0 m 岩层为坚硬岩层(粗砂岩)、其他层位顶板为软弱的泥岩层时,如图 3-21(c)与图 3-21(d)所示,穿透后的蝶形塑性区与顶板浅部所分布的蝶形塑性区有一定的贯通。在这种情况下,坚硬岩层的存在对巷道顶板稳定性就没有实质意义了。

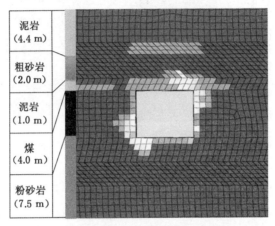

(a) 偏移角 $\beta=0°$、顶板深部含软弱岩层

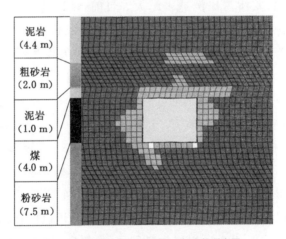

(b) 偏移角 $\beta=15°$、顶板深部含软弱岩层

图 3-21 不同条件矩形巷道顶板岩层组合对蝶形塑性区分布的影响

($H=800$ m,$l=5.0$ m,$h=4.0$ m,$\lambda=0.4$,$\gamma=25$ kN/m^3)

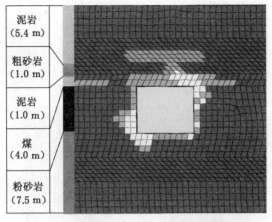

（c）偏移角β=0°、顶板浅部含软弱岩层

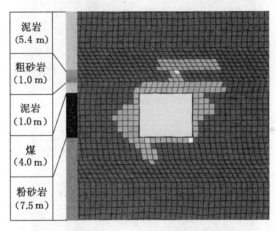

（d）偏移角β=15°、顶板浅部含软弱岩层

图 3-21　（续）

图 3-21 数值模拟结果表明,矩形巷道的蝶形塑性区穿透特性同样明显。由于非均匀应力场条件下矩形巷道周边应力分布较为复杂,所以很难将矩形巷道的蝶形塑性区准确描述。虽然巷道断面形状对蝶形塑性区影响程度有限,但是从顶板破坏深度与蝶形塑性区影响深度的角度来说,这种影响就相对大一些。

图 3-22 为矩形巷道与圆形巷道蝶形塑性区穿透特性对比。矩形巷道宽度为 5.0 m,高度为 4.0 m,圆形巷道直径为 4.0 m,从顶板两倍巷道跨度的深度

范围内看,矩形巷道的蝶形影响区更大,穿透后的蝶形塑性区面积较大,但不论是矩形巷道还是圆形巷道,只要顶板蝶形影响区内存在软弱岩层,蝶形塑性区就会穿透下位坚硬岩层,并且在软弱岩层区域重新分布后,这两种巷道断面形状的蝶叶穿透性分布均会对巷道顶板稳定性有显著影响。

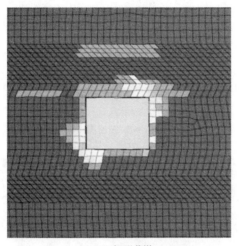

(a) 矩形巷道

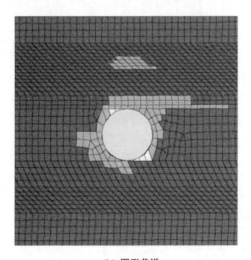

(b) 圆形巷道

图 3-22　矩形巷道与圆形巷道的蝶形塑性区穿透特性对比

($H=800$ m,$\lambda=0.4$,$\gamma=25$ kN/m³,$\beta=0°$)

3.3.2　基于离散元 UDEC2D 复合顶板塑性区隔层扩展规律模拟

为了验证在使用离散元 UDEC2D 数值模拟软件中是否依然存在塑性区隔层扩展现象,考虑在巷道围岩塑性区范围随着主应力大小和比值的升高呈现非均匀扩展,当顶板塑性区朝向顶板时,对不同条件下巷道顶板岩层组合对塑性区隔层扩展分布影响进行对比分析。

根据数值模拟结果显示(图 3-23),将 $\alpha=45°$ 与 $\alpha=30°$ 巷道不同岩层组合顶板蝶叶隔层扩展特性进行对比分析。当 $\alpha=45°$ 时,蝶形塑性区基本分布于巷道正上方;当 $\alpha=30°$ 时,蝶形塑性区虽分布于巷道正上方,但顶板蝶形塑性区总体面积相对较小。

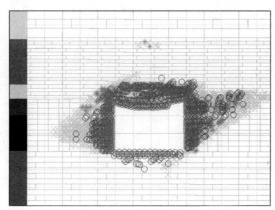

（a）$\lambda=2.5$、$\alpha=45°$、坚硬岩层厚度2.0 m

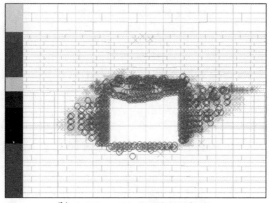

（b）$\lambda=2.5$、$\alpha=30°$、坚硬岩层厚度2.0 m

图 3-23　不同条件下巷道顶板岩层组合对塑性区分布的影响

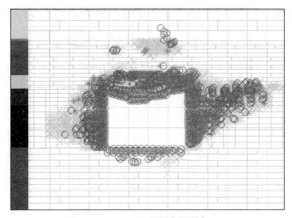

(c) λ=2.5、α=45°、坚硬岩层厚度1.0 m

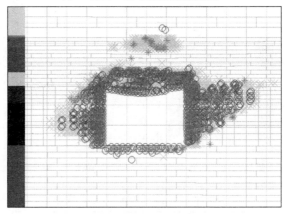

(d) λ=2.5、α=30°、坚硬岩层厚度1.0 m

图 3-23 (续)

当顶板上方坚硬岩层厚度为 2.0 m 时,如图 3-23(a)与图 3-23(b)所示,顶板蝶形塑性区在该坚硬岩层位置处出现隔断且并非完全平行截止,而是越过坚硬岩层在其他软弱岩层继续扩展,但越过坚硬岩层的塑性区呈现出不太明显的隔层扩展后的蝶形塑性区,此时顶板浅部围岩稳定性较好。当顶板上方坚硬岩层厚度为 1.0 m 时,如图 3-23(c)与图 3-23(d)所示,顶板蝶形塑性区在该坚硬岩层位置处出现隔断且并非完全平行截止,而是越过坚硬岩层在其他软弱岩层继续扩展,越过坚硬岩层的塑性区呈现出明显的隔层扩展后的蝶形塑性区以及贯通趋势,此时顶板浅部围岩破坏较为明显,出现垮落现象。

综上所述,无论是运用有限元软件还是离散元软件,在复合顶板巷道顶板塑性区隔层扩展现象模拟中所呈现出的规律是高度一致的。也就是说,巷道顶板蝶形塑性区具有隔层扩展特性,未发生塑性破坏的坚硬岩层的存在不能阻断蝶形塑性区在强度较低软弱夹层扩展,只是在一定程度上削弱了蝶形塑性区隔层扩展能力,而蝶形塑性区依旧会越过未发生塑性破坏的坚硬岩层在强度较低的软弱岩层重新分布,出现隔层扩展的现象。

3.4　复合顶板采动巷道冒顶机理数值模拟分析

3.4.1　模型建立

无论是有限元软件还是离散元软件,在复合顶板巷道顶板塑性区隔层扩展现象模拟中所呈现出的规律是高度一致的,但有限元软件不能直接呈现冒顶形式。根据南山煤矿 2$^\#$ 煤层具体地质条件(图 2-1),选择块体离散元 UDEC2D 数值模拟软件,建立了 2303 回风平巷数值模型,从而讨论巷道顶板塑性区隔层扩展分布特征与巷道顶板破坏形态内在关联。模型中煤层及巷道顶、底板各岩层的物理力学参数见表 3-2。

表 3-2　煤层及顶、底板各分层岩石力学参数及标识

岩性	标识	$\rho/(\mathrm{kg} \cdot \mathrm{m}^{-3})$	K/GPa	G/GPa	c/MPa	$\varphi/(°)$	σ/MPa
中砂岩	■	2 780	9.30	9.00	8.30	42	2.75
粉砂岩	■	2 750	7.30	7.00	6.90	37	1.75
细砂岩	■	2 870	9.30	9.00	9.20	44	2.75
砂质泥岩	■	2 580	6.50	4.20	3.50	27	1.45
细砂岩	■	2 870	9.30	9.00	8.60	43	2.75
粉砂岩	■	2 750	7.30	7.00	6.90	37	1.75
粉砂岩	■	2 400	8.60	8.20	5.60	36	1.96
煤	■	1 800	6.60	6.20	5.30	35	1.86
细砂岩	■	2 870	9.30	9.00	8.60	43	2.75
泥岩	□	2 500	4.20	4.10	3.50	27	1.45
粉砂岩	□	2 750	7.30	7.00	6.90	37	1.75

模型尺寸为 50 m×45.9 m,结合实际的岩层结构情况进行网格划分,巷道为矩形断面(4.3 m×2.9 m)。数值模型所施加应力均在模型开挖前施加至相应位置,但基于 UDEC2D 模型的特点,并未直接模拟采煤工作面回采过程对巷道带来的采动影响,而是通过分析采煤工作面周边巷道位置处的采动应力环境特点,从而给出一个具有代表性的采动应力状态,包括主应力大小、比值和方向。模型需加载最大主应力为 25 MPa,最小主应力为 10 MPa,主应力偏转为 45°,实际加载利用文献[62]中的式(1)~式(5)将极坐标系下的应力公式变换为直角坐标系下的应力公式,进一步得到模型所施加相应的初始应力值,进而换算成 UDEC2D 模拟软件中可以赋值的垂直应力($S_{yy}=17.5$ MPa)、水平应力($S_{xx}=18$ MPa)和剪切应力($\tau_{xy}=7.5$ MPa)。

由于掘进期间巷道没有明显的矿压显现,且几乎所有的巷道变形破坏均在采动影响期间出现,因此模拟中只考虑了采动应力。模型上边界施加相应条件的垂直应力,模型限制 x、y 方向上的位移和初速度,模拟采用基于弹塑性理论的库仑-莫尔强度准则。根据软弱夹层和坚硬岩层厚度的不同,分别建立数值计算模型。其中,不同坚硬岩层厚度数值模型如图 3-24 所示;不同软弱夹层厚度数值模型如图 3-25 所示。

3.4.2　模拟结果分析

文献[45]采用 FLAC3D 有限元数值模拟软件获得了含夹层顶板的巷道围岩塑性区分布特征,但受限于有限元数值模拟软件的固有属性,未直接探讨顶板软弱夹层与巷道冒顶的内在联系。数值模拟结果显示(图 3-26、图 3-27),在采动应力环境作用下,巷道含软弱夹层顶板出现了明显的非连续破坏,顶板破裂区具有明显的隔层扩展特性,完整性较好的坚硬岩层的存在不能阻断破裂区在软弱夹层形成,破裂区会越过完整性较好的坚硬岩层在强度较低的软弱夹层重新分布,出现隔层扩展的现象。在掌握巷道复合顶板破裂区具有隔层扩展规律的基础上,结合南山煤矿回采巷道顶板岩层结构变化的范围,模拟不同软弱夹层厚度及其下位坚硬岩层厚度与巷道顶板整体稳定性的内在联系。当设定软弱夹层厚度为 0.6 m 时,不同下位坚硬岩层厚度会导致不同的顶板破裂形态,如图 3-26 所示。

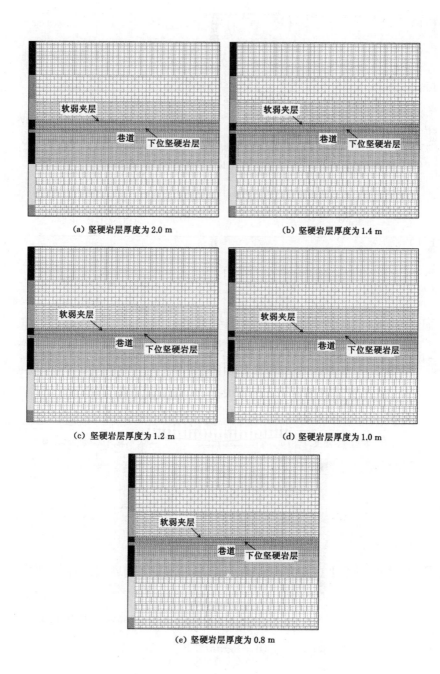

(a) 坚硬岩层厚度为 2.0 m

(b) 坚硬岩层厚度为 1.4 m

(c) 坚硬岩层厚度为 1.2 m

(d) 坚硬岩层厚度为 1.0 m

(e) 坚硬岩层厚度为 0.8 m

图 3-24　不同厚度坚硬岩层数值模型图

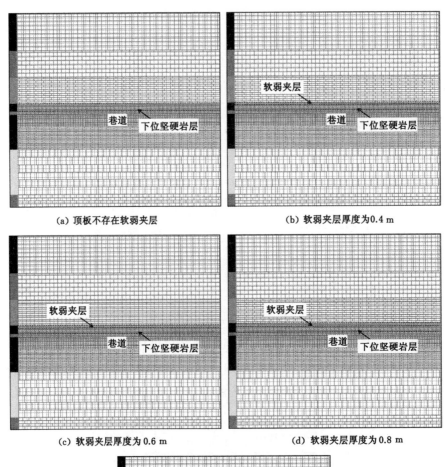

（a）顶板不存在软弱夹层　　　　　　　（b）软弱夹层厚度为0.4 m

（c）软弱夹层厚度为0.6 m　　　　　　　（d）软弱夹层厚度为0.8 m

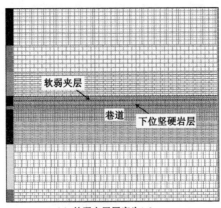

（e）软弱夹层厚度为1.0 m

图 3-25　不同厚度软弱夹层数值模型图

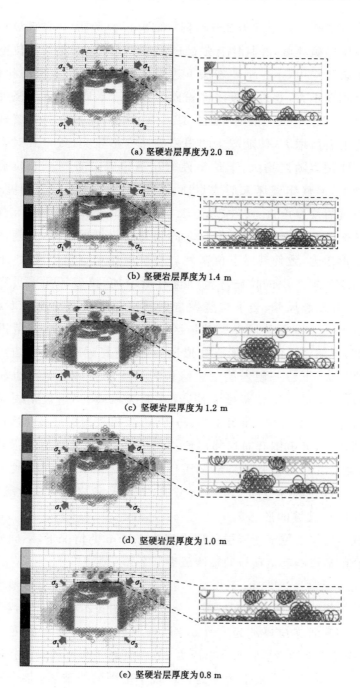

(a) 坚硬岩层厚度为2.0 m

(b) 坚硬岩层厚度为1.4 m

(c) 坚硬岩层厚度为1.2 m

(d) 坚硬岩层厚度为1.0 m

(e) 坚硬岩层厚度为0.8 m

图 3-26 不同厚度坚硬岩层顶板破裂形态

当下位坚硬岩层厚度为 2.0 m 时,如图 3-26(a)所示,深部软弱夹层出现一定范围的破坏区,并且伴有强烈的膨胀变形压力,对其下位坚硬岩层形成较大挤压作用,下位坚硬岩层下边缘位置产生了小范围的拉破坏,但整体破坏程度不大,巷道顶板浅部粉砂岩则完全破碎;当下位坚硬岩层厚度由 2.0 m 减小至 1.4 m 时,如图 3-26(b)所示,深部软弱夹层破坏区的范围较之前有所增大,伴随产生的强烈膨胀变形压力,致使其对下位坚硬岩层挤压作用也随之增大,下位坚硬岩层下边缘位置产生的拉破坏范围也有所增加,但整体破坏未形成贯通,巷道顶板浅部粉砂岩则完全破碎;当下位坚硬岩层厚度进一步减小至 1.2 m 时,如图 3-26(c)所示,深部软弱夹层破坏区的范围保持不变,但存在向相邻层位扩展趋势,伴随产生的强烈膨胀变形压力,致使其对下位坚硬岩层挤压作用也随之增大,下位坚硬岩层下边缘位置产生的拉破坏范围也有所增加,拉破坏几乎贯穿下位坚硬岩层,存在断裂风险;当下位坚硬岩层厚度进一步减小至 1.0 m 时,如图 3-26(d)所示,深部软弱夹层破坏区的范围又有所增加,其范围向相邻层位扩展,伴随产生的强烈膨胀变形压力,致使其对下位坚硬岩层挤压作用也随之增大,下位坚硬岩层下边缘位置产生的拉破坏范围也稍有所增加,拉破坏几乎贯穿下位坚硬岩层,存在断裂风险;当下位坚硬岩层厚度进一步减小至 0.8 m 时,如图 3-26(e)所示,深部软弱夹层破坏区的范围进一步有所增加,其范围有向相邻层位扩展的趋势,伴随产生的强烈膨胀变形压力,致使其对下位坚硬岩层挤压作用也随之增大,下位坚硬岩层下边缘位置产生的拉破坏范围也稍有所增加,下位坚硬岩层完全拉破坏,呈现巷道顶板整体破裂的形态。

在软弱夹层下位坚硬岩层厚度设定为 1.4 m 的情况下,不同软弱夹层厚度也会明显影响巷道顶板的整体破裂形态。

当顶板无软弱夹层时,下位坚硬岩层完整性较好,但顶板塑性区有向深部扩展趋势,而顶板浅部区域则完全破碎,如图 3-27(a)所示;当下位坚硬岩层上方的软弱夹层厚度为 0.4 m 时,软弱夹层塑性破坏深度也达到了 0.4 m,伴随产生的强烈膨胀变形压力,致使其对下位坚硬岩层挤压作用也随之增大,下位坚硬岩层下边缘处只出现小范围的拉破坏,整个坚硬岩层的完整性较好,如图 3-27(b)所示;当下位坚硬岩层上方的软弱夹层厚度增

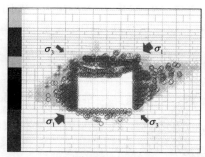

（a）顶板不存在软弱夹层

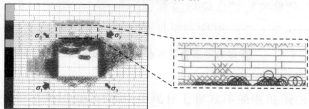

（b）软弱夹层厚度为0.4 m

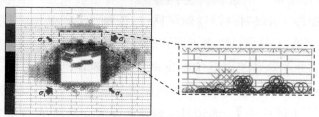

（c）软弱夹层厚度为0.6 m

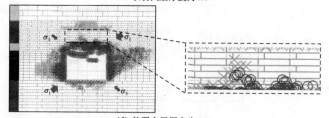

（d）软弱夹层厚度为0.8 m

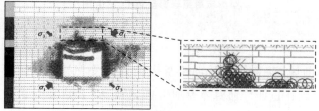

（e）软弱夹层厚度为1.0 m

图 3-27　不同厚度软弱夹层顶板破裂形态

加至0.6 m时,软弱夹层塑性破坏深度也达到了0.6 m,伴随产生的强烈膨胀变形压力,致使其对下位坚硬岩层挤压作用也随之增大,下位坚硬岩层下边缘处拉破坏范围也有所增加,整个坚硬岩层的完整性依旧较好,如图3-27(c)所示;当下位坚硬岩层上方的软弱夹层厚度为0.8 m时,软弱夹层塑性破坏深度也达到了0.8 m,伴随产生的强烈膨胀变形压力,致使其对下位坚硬岩层挤压作用也随之增大,下位坚硬岩层拉破坏范围几乎贯穿整个坚硬岩层,整个坚硬岩层存在断裂风险,如图3-27(d)所示;当软弱夹层厚度为1.0 m时,软弱夹层塑性破坏深度也达到了1.0 m,伴随产生的强烈膨胀变形压力,致使其对下位坚硬岩层挤压作用也进一步增大,下位坚硬岩层拉破坏范围几乎贯穿整个坚硬岩层,呈现巷道顶板整体破裂的形态,如图3-27(e)所示。

综上所述,采动影响引起巷道周边主应力比值增加和主应力方向的大幅偏转,顶板出现较大的破裂深度,但由于下位坚硬岩层的存在,使得破裂区越过下位坚硬岩层在深部软弱夹层重新分布,而软弱夹层破裂伴随的强烈膨胀变形压力,对其下位坚硬岩层形成较大的挤压作用。

巷道顶板整体的破裂形态主要取决于软弱夹层破坏区及其下位坚硬岩层物理力学性质。当软弱夹层厚度一定时,其破坏产生的挤压载荷一定,下位坚硬岩层厚度越大,其稳定性越好;当下位坚硬岩层不足以抵抗软弱夹层破坏产生的挤压力,则有出现巷道顶板整体破裂的可能。如果此时锚索支护不能抵抗或适应顶板剧烈的膨胀变形压力,则会出现由于锚索破断而产生的冒顶隐患。同时,软弱夹层破坏区厚度越大,其破坏产生的挤压作用越剧烈,对下位坚硬岩层的稳定影响越大。

3.5 复合巷道顶板破坏现场探测

3.5.1 监测目的与监测设备

实质上,巷道围岩变形破坏是由围岩塑性区的形成和发展引起的,塑性区范围决定了围岩的破坏程度,要保持巷道围岩稳定,必须控制巷道围岩塑性区的发展。南山煤矿回采巷道围岩维护状况较差,采动影响后巷道围岩出现明显的大变形特征。数值模拟试验结果表明,南山煤矿围岩破坏形态均呈现出明显的隔层扩展特性,为了准确掌握工程实际中复合顶板岩层结构和裂隙破碎分布特征,在南山煤矿 2303 回风平巷顶板进行顶板岩层状态探测。矿用钻孔电子窥视仪可以直接送入锚索锚杆钻孔和井下地质钻孔中,其输出的图像能够直观地反映钻孔内岩体不连续面(如层理、节理、裂隙等)、顶板离层以及岩层组合特征,为围岩稳定性评价提供依据。

试验仪器采用 ZKXG30 型钻孔窥视仪(图 3-28),是用来观察锚杆孔或其他小直径工程钻孔内部构造的仪器,主要部件有:主机、探头、数据线、探杆。主要技术参数见表 3-3。

表 3-3 ZKXG30 型钻孔窥视仪技术参数表

参数指标	规格
钻孔直径	$>\phi 25$ mm
钻孔深度	$\geqslant 30$ m
探头分辨率	700 lpi
最长工作时长	$\geqslant 10$ h
内存	20 GB
仪器尺寸	195 mm×115 mm×75 mm

具体的窥视操作步骤如下:

① 在选定巷道的顶板打直径不小于 25 mm 的钻孔,并用水管将其中的岩粉及碎块冲洗干净。

② 准备好笔记本,记录钻孔的位置。

③ 缓慢推入探头,直到钻孔底部为止。

④ 当摄像头到达钻孔口时,关闭记录,保证数据存储正确,准备下一个钻孔。

⑤ 将采集到的数据进行实验室处理,得出巷道围岩的破碎状况。

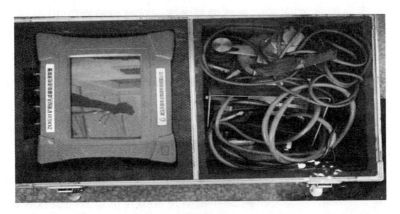

(a) 主机

(b) 探头

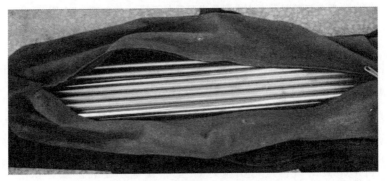

(c) 探杆

图 3-28　ZKXG30 型钻孔窥视仪

3.5.2 监测方案与测点布置

根据南山煤矿采煤工作面实际情况,在距巷道开口150 m处和240 m处分别布置两个监测站,等到实际进行窥视时,监测站位于2303回风平巷距离23042工作面前方20 m左右的位置,以便充分获取剧烈采动影响下的顶板破裂特征。两个监测站窥视深度分别为9.0 m、8.8 m。顶板窥视监测站位置如图3-29所示。

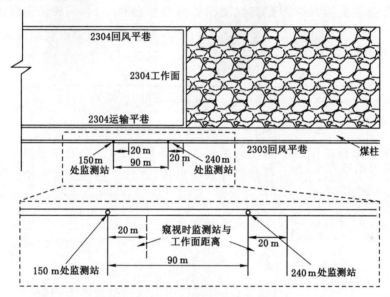

图 3-29 顶板窥视监测站位置示意图

3.5.3 监测结果分析

图3-30为2303回风平巷顶板破坏区观测结果。可以看出,顶板上方由浅至深依次为粉砂岩、细砂岩、砂质泥岩和细砂岩,在采动影响下,其围岩破裂区呈现出明显的非连续性,且围岩破裂区主要分布在粉砂岩内部与细砂岩上部的砂质泥岩层两个区域内。

(1) 240 m处监测站

由于受到剧烈的采动影响,在顶板浅部区域发现了破坏深度约为0.8 m的粉砂岩破坏区。由孔壁破坏的岩石结构面可以看出,其破坏面均较为粗糙,主要以塑性压剪破坏为主;随着孔深的继续增加,在顶板深部2.2 m处也出现了厚度为0.8 m的泥质砂岩破坏区,同样的是其破坏面均较为粗糙,以

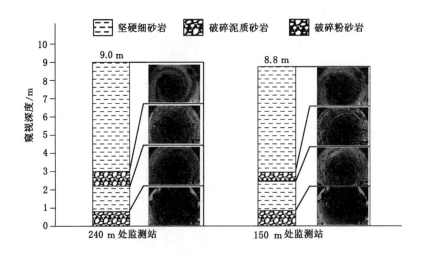

图 3-30　2303 回风平巷复合顶板钻孔窥视探测结果

塑性压剪破坏为主;泥质砂岩破坏区上部是厚度为 6.0 m 左右的坚硬细砂岩,其完整性较好;而浅部破坏区和深部破坏区之间的厚度为 1.4 m 左右的坚硬细砂岩,完整性较好,只出现了少量裂纹形式的拉破坏。

（2）150 m 处监测站

150 m 处监测站虽受到的采动影响较 240 m 处监测站小,但在顶板浅部区域发现了破坏深度约为 1.0 m 的粉砂岩破坏区。由孔壁破坏的岩石结构面可以看出,其破坏面均较为粗糙,主要以塑性压剪破坏为主;随着孔深的继续增加,在顶板深部 2.45 m 处也出现了厚度为 0.5 m 的泥质砂岩破坏区,同样的是其破坏面均较为粗糙,以塑性压剪破坏为主;泥质砂岩破坏区上部是厚度为 5.8 m 左右的坚硬细砂岩,其完整性较好;而浅部破坏区和深部破坏区之间的厚度为 1.5 m 左右的坚硬细砂岩,完整性较好,只出现了少量裂纹形式的拉破坏。

由 240 m 处监测站和 150 m 处监测站的顶板窥视结果可知,顶板破裂区会越过坚硬细砂岩在较为软弱的砂质泥岩夹层重新扩展,而软弱夹层下位坚硬细砂岩的少量破裂主要是软弱夹层破坏产生的膨胀变形压力挤压所致。

3.6　本章小结

　　通过现场实测、数值模拟以及力学分析,对复合顶板巷道顶板破坏形态进行了现场实测,运用 UDEC2D 数值模拟软件对复合顶板塑性区隔层扩展规律进行模拟,并且复合顶板巷道顶板破坏形态数值模拟分析,得到以下结论:

　　(1)通过数值模拟分析,在采动应力环境作用下,巷道含软弱夹层顶板出现了明显的非连续破坏,顶板破裂区具有明显的隔层扩展特性,完整性较好的坚硬岩层的存在不能阻断破裂区在软弱夹层形成,破裂区会越过完整性较好的坚硬岩层在强度较低的软弱夹层重新分布,出现隔层扩展的现象。

　　(2)在南山煤矿回采巷道顶板岩层结构变化的范围内,通过模拟软弱夹层厚度及其下位坚硬岩层厚度与巷道顶板整体稳定性的内在关联,巷道顶板整体的破裂形态主要取决于软弱夹层破坏区及其下位坚硬岩层物理力学性质。当软弱夹层厚度一定时,其破坏产生的挤压载荷一定,下位坚硬岩层厚度越大,其稳定性越好;当下位坚硬岩层不足以抵抗软弱夹层破坏产生的挤压力时,则有出现巷道顶板整体破裂的可能。同时,软弱夹层破坏区厚度越大,其破坏产生的挤压作用越剧烈,对下位坚硬岩层的稳定影响越大。

　　(3)在南山煤矿回采巷道顶板进行了钻孔窥视,顶板上方由浅至深依次为粉砂岩、细砂岩、砂质泥岩和细砂岩,其围岩破裂区呈现明显非连续性,主要分布在粉砂岩内部与细砂岩上部的砂质泥岩层两个区域内。位于 240 m 处监测站,浅部破坏区深度约为 0.8 m,顶板深部 2.2 m 处也出现了厚度 0.8 m 的破坏区,破坏面均较为粗糙,以塑性压剪破坏为主,而浅部破坏区和深部破坏区之间的坚硬细砂岩只出现了少量裂纹形式的拉破坏。同样,位于 150 m 处监测站,顶板深部 2.45 m 位置处出现了厚度 0.5 m 的塑性压剪破坏,而软弱夹层下位坚硬细砂岩也只出现了少量裂纹形式的拉破坏。

第4章

复合顶板采动巷道顶板稳定性控制

通过复合顶板采动巷道顶板变形破坏机理数值模拟可知,当顶板不含明显软弱夹层时,顶板破坏遵循传统认识的"递次破坏"特点,可考虑一般的地质影响因素,借鉴常规的梁模型进行分析;当顶板含明显软弱夹层时,顶板软弱夹层破裂分布与夹层下位坚硬岩层物理力学性质决定了巷道顶板整体的稳定性。本章将建立巷道有无软弱夹层时的顶板稳定性力学模型,对复合顶板采动巷道顶板稳定性进行系统分析。

4.1 无软弱夹层巷道复合顶板失稳力学模型建立及分析

下面以材料力学为理论基础,建立巷道顶板岩梁的力学模型。当顶板不存在明显软弱夹层时,剪切应力对应的极限跨距远大于梁弯曲所产生的极限跨距。因此,在进行建模计算时,应按照弯距计算顶板岩梁的极限跨距,并根据极限跨距和承载能力的大小判断岩层是否失稳。

(1)当巷道开挖后,在短时间内巷道围岩破坏较小,巷道顶板岩梁力学模型在初始时实际应按照固支梁计算,如图 4-1 所示。

按照模型计算岩层极限跨距时,首先从巷道顶板第一层岩层开始分析。如果该层岩梁的极限跨距小于巷道的实际跨度,则第一层为非稳定岩层,岩

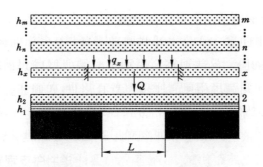

图 4-1 顶板岩梁固支力学模型

层失稳垮落;如果该层岩梁的极限跨距大于巷道的实际跨度,则依据图 4-1
的力学模型计算,直至找到稳定岩层为止[33]。

按照固支梁进行计算时,其力矩分析如图 4-2 所示。由图可知,在梁的
两端位置发生最大弯距与最大拉应力,分别为:

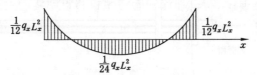

图 4-2 固支梁力矩分析

$$\begin{cases} M_{\max} = \dfrac{q_x L_x^2}{12} \\[2mm] \sigma_{\max} = \dfrac{q_x L_x^2}{2h_x^2} \end{cases} \tag{4-1}$$

式中 $M_{\max}$——最大弯矩;

$\sigma_{\max}$——最大拉应力;

h_x——第 x 层岩层厚度;

L_x——第 x 层岩层跨度;

q_x——第 x 层岩层实际作用载荷。

当岩层的抗拉强度极限最小强度 σ_{tx} 小于最大拉应力 $\sigma_{\max}$ 时,岩层破断,
岩层发生失稳。此时,固支梁发生断裂,该岩层极限最小强度跨距为:

$$L_x = h_x \sqrt{\frac{2\sigma_{tx}}{q_x}} \tag{4-2}$$

式中 σ_{tx}——第 x 层岩层的单向抗拉强度。

由式(4-2)可知,第 x 层岩层极限最小强度跨距 L_x 与该层岩层厚度 h_x、单向抗拉强度 σ_{tx} 和实际作用载荷 q_x 等因素有关。其中,极限最小强度跨距 L_x 与岩层厚度 h_x 和单向抗拉强度 σ_{tx} 成正比,与实际作用载荷 q_x 成反比。式(4-2)说明,当其他条件不变的情况下,岩层厚度和抗拉强度越大,极限最小强度跨距越大,该层越稳定。若作用载荷 q_x 越大,岩层承载的作用载荷就越大,极限最小强度跨距便越小,越容易失稳;同时,由于埋深不同所产生的深度影响、层状节理与原生裂隙对单一厚层状岩体的完整性影响,以及由于地应力异常所引起的地应力对岩体强度与载荷的影响等,这些因素都对岩层极限跨距起到削弱作用,进而影响岩梁的稳定性。因此,在计算岩层极限最小强度跨距时,需要对以下因素进行分析。

① 埋深影响系数。侯朝炯教授通过对近 50 条巷道井下实测数据统计分析,得到了岩体强度、巷道埋深和巷道顶板移近率之间关系的回归方程:

当巷道两侧为实煤,巷道受掘进或一次采动时,回归方程为 $K = 0.783e^{0.691H/\sigma}$;

当巷道一侧为采空区,巷道受二次采动时,回归方程为 $K = 5.213e^{0.691H/\sigma}$。

通过顶、底板移近率方程可知,当巷道埋深 100 m 时,顶、底板移近率为 20% 左右;当巷道埋深为 200~240 m 时,顶、底板移近率为 50% 左右;当巷道埋深达到 250~350 m 时,顶、底板移近率近似 100%。单从移近率来看,只能代表围岩外在变形特征以及内在岩层载荷之间的关系。为了研究方便,将顶、底板移近率与岩层载荷看作线性关系,巷道埋深每增加 100 m,载荷就增加 1 倍。当巷道埋深增加到 300 m 后,载荷不在变化,定义巷道埋深影响系数:

$$f_m = \frac{H}{100} \leqslant 3 \qquad (4\text{-}3)$$

将埋深影响系数考虑到岩层极限跨距计算公式中,则:

$$[L] = h_x \sqrt{\frac{2\sigma_{tx}}{q_x f_m}} \qquad (4\text{-}4)$$

② 地应力异常的影响系数。地应力的测量为煤矿的设计与生产提供基础数据,但地应力测量费力、费时,成本投入高,而且不能全矿区进行测量,有时误差很大。然而,地应力的大小对于巷道围岩稳定性具有重要作用,不

同的地应力影响值对巷道围岩应力分布、支护情况、变形破坏特征都有影响。根据实测地应力的大小与岩层计算铅直应力的大小,则地应力影响系数为:

$$f_{\mathrm{d}} = \frac{F}{\gamma H} \tag{4-5}$$

式中　γ——上覆岩层平均体积力,MN/m³,上覆岩层平均体积力为0.025 MN/m³;

　　　H——埋深,m;

　　　F——实测地应力最大主应力值,MPa。

地应力影响系数可简化为:

$$f_{\mathrm{d}}' = 40\frac{F}{H} \tag{4-6}$$

当地应力影响系数 $f_{\mathrm{d}} \leqslant 1$ 时,地应力对顶板岩层稳定性无影响;当地应力影响系数 $f_{\mathrm{d}} > 1$ 时,地应力异常引起岩层实际作用载荷增加。在计算顶板岩层极限跨距时,对其进行修正:

$$[L] = h_x \sqrt{\frac{2\sigma_{\mathrm{tx}}}{q_x f_{\mathrm{m}} f_{\mathrm{d}}}} \tag{4-7}$$

上式中,$f_{\mathrm{d}} \leqslant 1$ 时,$f_{\mathrm{d}}' = 1$;$f_{\mathrm{d}} > 1$ 时,$f_{\mathrm{d}} = f_{\mathrm{d}}'$

③ 岩层完整性系数。现场地质钻孔资料上泥岩、煤、页岩等软弱岩层显示出很好的稳定性,但现场实测结果表明,受多种原因的影响,厚度较大的软弱岩体实际上内部出现弱面形成若干个小分层,在计算顶板极限跨距时,应按照分化后的小分层来计算其岩层的有效厚度。

复合顶板普遍存在软弱岩层泥岩、煤、砂质泥岩等,当岩层的总厚度大于1 m 时,岩层是由厚度在 1～2 m 的分层所组成。因此,在计算岩层极限跨距时,除砂岩和石灰岩等坚硬岩层外:当软弱岩层厚度 $h < 1$ m 时,有效厚度按其实际厚度计算;当软弱岩层厚度 $h > 1$ m 时,有效厚度按 1～2 m 计算。定义岩层完整性系数 f_{w},当顶板岩层为坚硬岩层砂岩、石灰岩和厚度小于 1 m 的其他性质岩层时,$f_{\mathrm{w}} = 1$;其他情况下,岩体完整性系数 $f_{\mathrm{w}} = \frac{2}{h_x + 1}$。将其引入岩层极限跨距计算公式,有:

$$[L] = h_x f_{\mathrm{w}} \sqrt{\frac{2\sigma_{\mathrm{tx}}}{q_x f_{\mathrm{m}} f_{\mathrm{d}}}} \tag{4-8}$$

综上所述，当该岩层的极限跨距$[L]$小于巷道的实际跨度L时，$[L]=$ $h_x f_w \sqrt{\dfrac{2\sigma_{tx}}{q_x f_m f_d}} < L$，该岩层失稳垮落；当该岩层的极限跨距$[L]$大于巷道的

实际跨度L，$[L] = h_x f_w \sqrt{\dfrac{2\sigma_{tx}}{q_x f_m f_d}} > L$，该岩层形成过梁结构。巷道层状顶板岩梁力学模型如图 4-3 所示。

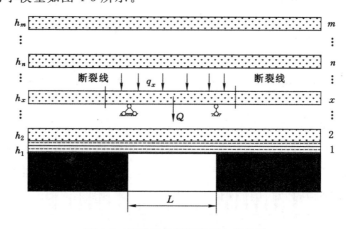

图 4-3　巷道层状顶板岩梁力学模型

（2）如果该岩层的极限跨距大于巷道的实际跨度，则形成过梁结构。当插入段相对巷道宽度L比较大时，趋近于固支梁，该岩层稳定；当插入段不是很长时，形成的过梁结构介于固支梁和简支梁之间。顶板岩梁力学模型按图 4-3 计算。

根据材料力学进行计算时，弯矩图如图 4-4 所示。

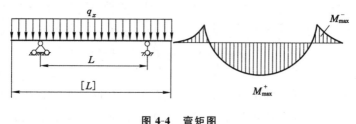

图 4-4　弯矩图

岩梁最大正弯矩和负弯矩分别为：

$$M_{max}^+ = \frac{q_x [L]}{2} \times \frac{L}{2} - \frac{q_x [L]^2}{8} \tag{4-9}$$

$$M_{\max}^- = -\frac{q_x}{2}\left(\frac{[L]-L}{2}\right)^2 \tag{4-10}$$

根据梁上任意一点正应力,有:

$$\sigma = \frac{12M_x y_x}{h_x^3} \tag{4-11}$$

因此:

$$\sigma_{\max}^+ = \frac{12M_{\max}^+ \dfrac{h_x}{2}}{h_x^3} = \frac{6\times\left(\dfrac{q_x[L]}{2}\times\dfrac{L}{2}-\dfrac{q_x[L]^2}{8}\right)}{h_x^2}$$

$$= \frac{6q_x[L]\times L - 3q_x[L]^2}{4h_x^2} = \frac{3q_x[L]\times(2L-[L])}{4h_x^2}$$

$$\tag{4-12}$$

$$\sigma_{\max}^- = \frac{12M_{\max}^- \dfrac{h_x}{2}}{h_x^3} = \frac{6\times\left[-\dfrac{q_x}{2}\left(\dfrac{[L]-L}{2}\right)^2\right]}{h_x^2} = 2 \tag{4-13}$$

由于极限跨距[L]相对于巷道跨度 L 不是很大,趋近于简支梁,应力 $\sigma_{\max}^-$ 相对于梁的破坏强度 σ_t 很小,因此不会在铰接点处断开。

当 $\sigma_{\max}^+ < \sigma_t$ 时,梁中间不会断裂,该岩层稳定;

当 $\sigma_{\max}^+ > \sigma_t$ 时,梁中间断裂,形成如图 4-5 所示块体铰接结构。

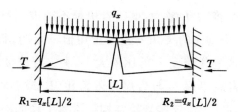

图 4-5　块体铰接平衡结构

① 铰接岩块结构的滑落失稳。当咬合点处摩擦力小于剪切力时,形成滑落失稳。

铰接岩块滑落失稳的稳定条件为:

$$\frac{R}{T} \leqslant \tan(\varphi-\theta) \tag{4-14}$$

式中　　R ——剪切力;

　　　　T ——水平推力;

θ——断裂面和垂直面的夹角；

φ——岩块间的内摩擦角，一般情况下，$\varphi=38°\sim45°$，$\tan\varphi=0.8\sim1$。

根据三铰拱平衡原理，水平推力 T 为：

$$T=\frac{q_x[L]^2}{8h_x} \tag{4-15}$$

式中　q_x——铰接岩块的载荷集度；

$[L]$——岩层极限跨距；

h_x——岩层厚度。

对于岩块咬合而形成的裂隙体梁，它的剪切力 R 在两端支座处最大为：

$$R=\frac{q_x[L]}{2} \tag{4-16}$$

将式（4-14）、式（4-15）代入式（4-16），则铰接岩块滑落失稳的稳定条件为：

$$\frac{h_x}{[L]/2}\leqslant\frac{1}{2}\tan(\varphi-\theta) \tag{4-17}$$

由于极限跨距 $[L]$ 相对于巷道跨度 L 不是很大，从式（4-17）中可知，铰接岩块滑落失稳的稳定条件与该层岩块厚度 h_x、岩层极限跨距 $[L]$ 或巷道跨度 L、岩块间的内摩擦角与断裂面和垂直面的夹角差的正切值等因素有关。当 $\varphi=\theta$ 时，不论水平推力 T 多大，该层岩块都不能取得平衡；当岩块间的内摩擦角与断裂面和垂直面的夹角 θ 差的正切值一定时，该层岩层厚度 h_x 与岩层极限跨距 $[L]$ 或巷道跨度 L 的比值大小，决定着铰接岩块结构是否发生滑落失稳。显然，岩层厚度 h_x 与岩层极限跨距 $[L]$ 或巷道跨度 L 的比值越小，即岩层越薄，巷道越宽，铰接岩块结构抗滑落失稳的能力就越大。

② 铰接岩块结构的变形失稳。在岩块的回转工程中，咬合处拉坏造成回转加剧，导致整个岩层失稳。

咬合处形成的挤压应力 σ_p 为：

$$\sigma_p=\frac{2q_xi^2}{(1-i\sin\alpha)^2} \tag{4-18}$$

式中，$i=\dfrac{[L]/2}{h_x}$；α 为岩块回转角。

鉴于咬合点处于塑性状态，因而 $\Delta\approx\dfrac{[L]}{2}\sin\alpha$，岩块回转角可按此式求出。其中，$\Delta$ 为巷道顶板最大下沉量。

由式(4-18)可知，岩块间的挤压强度 σ_p 与岩梁载荷 q_x、岩层厚度 h_x、岩层极限跨距$[L]$或巷道跨度 L 和巷道顶板下沉量等因素有关。当岩梁载荷 q_x 越大，岩层厚度 h_x 与岩层极限跨距$[L]$或巷道跨度 L 的比值越小，巷道顶板下沉量越大，岩块间的挤压强度 σ_p 越大，铰接岩块越容易失稳；当岩块间的挤压强度 σ_p 大于极限抗压强度$[\sigma_c]$时，$\sigma_p > [\sigma_c]$，铰接岩块失稳。相反，当岩块间的挤压强度 σ_p 小于极限抗压强度$[\sigma_c]$时，$\sigma_p < [\sigma_c]$，铰接岩块稳定，对巷道顶板控制有利。

4.2 含软弱夹层巷道复合顶板失稳力学模型建立及分析

4.2.1 应力强度因子

在工程实践中，常用的结构材料往往具有低强度和高韧性。设计时，人们一般只注意过载引起的塑性破坏。为了防止部件的损坏，一般可采用控制传统强度和韧性指标的方法。近年来，高强度和超高强度材料的应用变得越来越普遍。随着材料强度的增加，韧性趋于降低(脆性增加)。当应力不高或低于屈服极限时，具有高强度和低韧性的材料通常会发生突然的脆性破坏，并且发生所谓的低应力脆性断裂。从脆性断裂的情况来看，尽管材料的强度和韧性指标可以满足传统设计的要求，但是不可避免地会发生断裂事故。研究表明，传统指标和传统强度计算无法确保结构的安全性，也无法适应新材料、新技术。

人们对低应力脆性断裂进行了大量的分析和研究发现，脆性断裂总是由宏观缺陷或裂纹的不稳定增长(快速增长)引起的。有时，裂纹会在所谓的亚临界状态下继续缓慢增长，最终达到临界状态，并发生半脆性断裂。所谓的宏观裂纹，是指在加工和使用过程中形成的冶金缺陷(如载荷、疲劳或应力腐蚀)，因而不可避免地存在部件中的缺陷或裂缝。由于传统的强度理论通常假设材料中没有缺陷或裂纹，这与实际情况并不符合，因而根据传统强度理论设计的构件不能确保其安全使用。

断裂力学是一门新兴的强度科学，它推翻了传统强度理论中材料没有缺陷的假设。但从实际构件中存在缺陷或裂缝来看,这些构件可以视为连续和不连续的整体。据此,人们提出了新的计算方法和设计原则。其主要研究包括:

(1)应用弹塑性理论研究裂纹尖端附近的应力、应变状况(载荷、环境与裂纹的几何形状、尺寸之间的关系),研究裂纹的扩展规律,考察裂纹对结构强度和使用寿命的影响,建立断裂判据。

(2)确定能够反映材料抵抗断裂的断裂韧性指标及其测定方法。

(3)恰当地选择材料,提出新的强度设计概念和计算方法,探讨如何控制和防止结构的断裂破坏。

在断裂力学理论中,应力强度因子是线弹性断裂力学中最重要的参量,它是由构件的尺寸、形状和所受的载荷形式而确定的。由于裂纹尖端应力场强度取决于应力强度因子,因此计算各种构件或试件的应力强度因子 K 是线弹性断裂力学的一项重要任务。假定整个构件为弹性体,认为裂纹尖端的塑性区比裂纹的大小要小得多,而将塑性区的大小忽略不计,则用线弹性力学可分析出裂纹尖端附近的应力分布规律,即:

$$\sigma_{ij} = K \frac{f(\theta)}{\sqrt{2\pi r}} \tag{4-19}$$

式中 r,θ ——以裂纹尖端为原点的极坐标;

$f(\theta)$ ——裂纹形式确定情况下的已知函数;

σ_{ij} ——裂纹尖端附近的应力。

4.2.2 复合顶板稳定性力学模型建立

基于断裂力学的应用,由第 3 章复合顶板采动巷道顶板变形破坏机理数值模拟结果分析可知,顶板软弱夹层破裂分布与夹层下位坚硬岩层物理力学性质决定着巷道顶板整体的稳定性,顶板软弱夹层破裂区的产生伴有强烈的变形压力,其下位坚硬岩层受到持续巨大的"挤压"载荷。据此,本书建立了巷道含软弱夹层顶板稳定性力学模型(图 4-6)。当下位坚硬岩层位于软弱夹层破裂区与浅部破裂区之间时,在受到软弱夹层破裂区挤压破断之前,可视其为两端固支的梁结构模型,由于软弱夹层破裂区分布形态不一,所以其分布总是呈现出对称分布,且中间位置最大。为了简化推导过程并阐明一般规律,将其简化为均布载荷,旨在探讨影响坚硬岩层稳定性的重要因素。

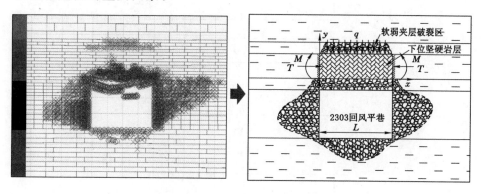

图 4-6　复合顶板岩层稳定整体模型

由数值模拟结果还可以看出,在现有工程岩体强度范围内,当采动影响导致巷道周边主应力方向发生较大偏转时,坚硬岩层一般会在中部位置出现少量的以压剪破坏为主的破裂,将对坚硬岩层整体稳定产生影响。据此,可将下位坚硬岩层看作带损伤裂纹的有限板模型(图 4-7),在坚硬岩层出现微小破裂或有可能出现破裂的位置给定一个较小的裂纹长度,以反映坚硬岩层的实际状态,进而分析裂纹尖端的受力特点。本章将引入并求解尖端的应力强度因子,从而探究软弱夹层破裂区分布、支护力与下位坚硬岩层稳性定的内在联系。

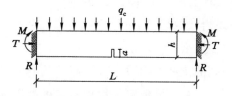

图 4-7　下位坚硬岩层稳定模型

4.2.3　下位坚硬岩层稳定性分析

由于下位坚硬岩层所受的载荷为复杂的复合型载荷,因此单边裂纹的应力强度因子可分解为图 4-8 所示的 3 种基本载荷。通过有限板模型公式,推导出这 3 种简单荷载下的应力强度因子的计算公式[118-119]。

(1)水平应力引起的应力强度因子 K_{I_σ}[图 4-8(a)]

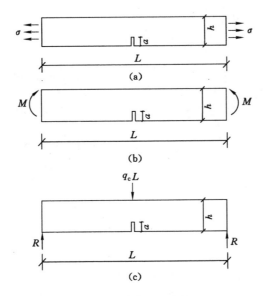

图 4-8 应力强度因子计算简图

$$\begin{cases} K_{\mathrm{I}\sigma} = \sigma \sqrt{\pi a} F_1\left(\dfrac{a}{h}\right) \\ F_1\left(\dfrac{a}{h}\right) = 1.12 - 0.231\left(\dfrac{a}{h}\right) + 10.55\left(\dfrac{a}{h}\right)^2 - 21.72\left(\dfrac{a}{h}\right)^3 + 30.39\left(\dfrac{a}{h}\right)^4 \end{cases}$$

$$(4\text{-}20)$$

式中 σ——下位坚硬岩层两端的水平力,MPa;

      h——下位坚硬岩层的厚度,m;

      a——裂纹的长度,m。

    下位坚硬岩层受到的水平挤压力 T,可简化为作用在下位坚硬岩层两端的均布应力 $\sigma(\sigma = -T/h)$,当软弱夹层破裂区的范围进一步增加时,软弱夹层破裂区对下位坚硬岩层的挤压作用也进一步增大,水平挤压力也随之增大。坚硬岩层断裂前是完全弹性状态,可根据公式 $T = qL^2/(8h)$ 确定水平挤压力,联立式(4-20)可得:

$$K_{\mathrm{I}\sigma} = -\frac{qL^2}{8h^2}\sqrt{\pi a}F_1\left(\frac{a}{h}\right) \qquad (4\text{-}21)$$

式中 q——下位坚硬岩层可承受的极限均布载荷,kN/m;

      L——巷道的宽度,m。

（2）弯矩引起的应力强度因子 K_{IM}［图 4-8(b)］

$$
\begin{cases}
K_{IM} = \sigma \sqrt{\pi a} F_2\left(\dfrac{a}{h}\right) \\
F_2\left(\dfrac{a}{h}\right) = 1.12 - 1.40\left(\dfrac{a}{h}\right) + 7.33\left(\dfrac{a}{h}\right)^2 - 13.08\left(\dfrac{a}{h}\right)^3 + 14.00\left(\dfrac{a}{h}\right)^4 \\
\sigma = \dfrac{6M}{Bh^2}
\end{cases}
$$

$$(4\text{-}22)$$

式中　B——下位坚硬岩层的宽度，取单位长度 1 m。

　　　M——均布荷载在坚硬岩层两端产生的弯矩，kN·m；

下位坚硬岩层可承受的极限均布载荷 q 在下位坚硬岩层两端产生的弯矩为 $M = qL^2/12$，故：

$$
K_{IM} = \frac{qL^2 \sqrt{\pi a} F_2\left(\dfrac{a}{h}\right)}{2h^2}
$$

$$(4\text{-}23)$$

（3）均布荷载引起的应力强度因子 K_{Ip}［图 4-8(c)］

$$
\begin{cases}
K_{Ip} = \dfrac{qL F_3\left(\dfrac{a}{h}\right)}{\sqrt{h}} \\
F_3\left(\dfrac{a}{h}\right) = 2.9\left(\dfrac{a}{h}\right)^{\frac{1}{2}} - 4.6\left(\dfrac{a}{h}\right)^{\frac{3}{2}} + 21.8\left(\dfrac{a}{h}\right)^{\frac{5}{2}} - \\
\qquad\qquad 37.6\left(\dfrac{a}{h}\right)^{\frac{7}{2}} + 38.7\left(\dfrac{a}{h}\right)^{\frac{9}{2}}
\end{cases}
$$

$$(4\text{-}24)$$

基于大量实验室和现场的试验研究[118]，岩石等材料在断裂情况下的判据通常可表示为：

$$
\lambda \sum K_{I} + \left| \sum K_{II} \right| = K_c
$$

$$(4\text{-}25)$$

式中　λ——压剪比系数；

　　　K_c——岩石的断裂韧性，MN/m$^{3/2}$。

将式（4-3）、式（4-23）和式（4-24）代入式（4-25），可得：

$$
\begin{cases}
q_c = \dfrac{8K_c h^2}{-\lambda L^2 \sqrt{\pi a} F_1\left(\dfrac{a}{h}\right) + 4\lambda L^2 \sqrt{\pi a} F_2\left(\dfrac{a}{h}\right) + 8\lambda h^{3/2} L F_3\left(\dfrac{a}{h}\right)} \\
q_z = q_s - q_c
\end{cases}
$$

$$(4\text{-}26)$$

式中　q_c——下位坚硬岩层可承受的极限载荷,$q_c = q/B$,MPa;

　　　q_z——坚硬岩层维持稳定所需的支护力,MPa;

　　　q_s——软弱夹层破裂区挤压载荷,MPa。

由式(4-26)可知,当巷道断面尺寸一定时,巷道顶板稳定性与支护力、软弱夹层破裂区挤压载荷和下位坚硬岩层可承受的极限载荷直接相关,下位坚硬岩层可承受的极限载荷 q_c 与下位坚硬岩层参数断裂韧性 K_c、下位坚硬岩层厚度 h、损伤裂纹的长度 a、巷道的宽度 L、水平挤压力 T 等参数有关。

依据南山煤矿 2303 回风平巷工程地质条件,将所需参数代入式(4-26)中,便可得到支护力 q_z 和坚硬岩层厚度 h 之间的关系曲线,如图 4-9 所示。软弱夹层破裂区产生的挤压载荷巨大,一般远超过现有技术水平可达到的支护强度。为了便于分析,将软弱夹层破裂区挤压载荷 q_s 分为 3.3 MPa、6.6 MPa、10.0 MPa 三个等级探讨。

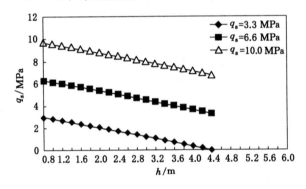

图 4-9　支护力 q_z 和下位坚硬岩层厚度 h 之间的关系曲线

($\lambda=1$,$K_c=2.55$ MN/m$^{3/2}$,$a=0.05$ m,$L=4.3$ m)

当软弱夹层破裂区对下位坚硬岩层的挤压载荷 q_s 为 3.3 MPa 时,随着坚硬岩层厚度的增加,所需支护力近似线性降低,坚硬岩层厚度增加至 4.4 m,其自身可保持稳定。当坚硬岩层厚度增为 2.4 m 时(接近南山煤矿巷道顶板坚硬岩层的最大厚度),所需载荷仍需要 2.0 MPa,远远超过现有工程技术所能达到的最大支护力。当软弱夹层破裂区对下位坚硬岩层的挤压载荷 q_s 分别为 6.6 MPa、10.0 MPa 时,维持顶板整体稳定所需的支护力则进一步增加。

由数值模拟结果可知,巷道含软弱夹层顶板稳定与否主要取决于软弱夹层破裂区挤压载荷、下位坚硬岩层厚度和抗拉强度。对于这种较高顶板破裂深度的巷道,现有技术条件可提供的支护力难以控制浅部围岩破裂区和软弱夹层破裂区形成所伴随的强烈变形。当上位软弱夹层破裂区较大或下位坚硬岩层较薄时,断裂后的下位坚硬岩层极易发生失稳垮落,如果此时锚杆(索)不能承受破裂围岩重量,那么巷道便发生冒顶事故。支护作用的实质是将破裂深度范围内的破坏岩石锚固到破裂区外围稳定岩层,在防止围岩失稳垮落的同时,尽可能地遏制浅部围岩破裂区和软弱夹层破裂区的扩展,进而维持顶板整体稳定。

4.3　复合顶板采动巷道稳定性控制方法

在采动影响作用下,巷道含软弱夹层顶板的整体稳定关键取决于软弱夹层下位坚硬岩层的稳定状态,而该坚硬岩层的稳定性又是由其上位软弱岩层破裂区的分布和扩展决定的。因此,要保持巷道顶板整体稳定,不仅要控制浅部围岩破裂区的发展,更重要的是控制软弱岩层破裂区的扩展。这就需要采取以下措施:

(1) 锚杆(索)自由端长度应大于软弱夹层破裂区的上边界,而不是只要求锚杆(索)锚固于顶板坚硬岩层中,从而有效抑制软弱夹层破裂区的扩展。

(2) 现有技术条件可提供的支护力一般不能阻止下位坚硬岩层破断,锚杆(索)需具备一定的延伸性能或长度,以适应顶板整体破裂所引起的变形。

(3) 浅部顶板锚杆与辅助材料支护应有一定的支护密度和护表能力,以防止浅部破碎顶板的小型冒顶与局部漏顶。图 4-10 为含软弱夹层顶板采动巷道冒顶控制示意图。其支护理念的核心在于,快速确定合理的锚固层位,充分利用预应力锚索的支护性能,使浅部破碎顶板得到良好的控制。

4.3.1　锚固层位确定方法

巷道顶板塑性区隔层扩展特性研究结果表明,由理论计算所得的塑性区隔层扩展分布与数值模拟结果、现场实测结果虽然尺寸上有些许差异,但是总体上的塑性区隔层扩展分布是一致的。换言之,对于蝶形影响区内软弱夹层区域的塑性区分布面积会有差异,但这种软弱夹层对应的"危险层

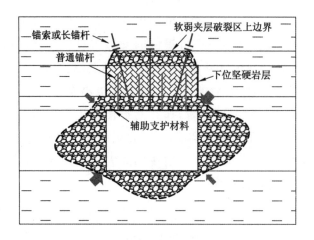

图 4-10 含软弱夹层顶板采动巷道冒顶控制示意图

位"是一定的。因此,采用理论计算分析层状岩体巷道顶板塑性区分布是可行的。为了便于现场应用,基于上述复合顶板冒顶控制对策研究,采用 VB 编程方法,编写了非均匀应力场层状岩体巷道"顶板危险层位识别与冒顶隐患高度计算系统",如图 4-11 所示。

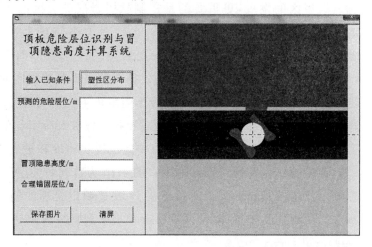

图 4-11 层状岩体巷道顶板危险层位识别与冒顶隐患高度计算系统

(1) 系统简介

如图 4-11 所示,软件界面包括 3 大区域:功能显示区、按钮操作区和模拟图形显示区。操作按钮包括"输入已知条件""塑性区模拟""保存图片"和"清屏"。使用时,单击"输入已知条件"按钮,地质技术条件表打开,如图 4-12 所示;用户可在表内输入相应的地质条件,输入完成后要保存表格内容,鼠标单击"塑性区模拟"按钮,计算机开始计算、绘图,随之顶板危险岩层层位、隐患冒顶高度、合理锚固层位也会在功能显示区显示;绘图完成后鼠标单击"保存图片"按钮,界面图片将会保存在指定位置;单击"清屏"按钮,界面将会回到初始状态,可重新输入参数进行新条件下的计算。

输入已知开采参数					
比例系数	1		注:程序100步距对应实际长度(m)		
开采深度/m	600				
支承应力系数	1				
侧压系数	0.3				
应力方向/(°)	40		注:逆时针方向为正		
巷道半径/m	5				
圆心位置/m	5		注:圆心距煤层底板长度		
煤层倾角/(°)	0		注:逆时针方向为正		
岩层编号	名称	M/m	c/MPa	$\varphi/(°)$	σ_c/MPa
6					0.0
5					0.0
4	细砂岩	30.00	15.0	30.0	52.0
3	粗砂岩	25.00	10.0	30.0	31.4
2	泥岩	1.50	3.0	25.0	9.4
1	砂质泥岩	5.00	6.0	28.0	20.0
0	煤	10.50	5.4	25.0	18.0
1	粉砂岩	5.00	6.0	25.0	18.8
2	粗砂岩	20.00	10.0	30.0	34.6
3	细砂岩	30.00	15.0	30.0	52.0
4					0.0
5					0.0
6					0.0

图 4-12　巷道周边围岩应力与岩层参数输入界面

(2) 系统应用举例

如图 4-13 所示,当巷道顶板含有软弱岩层时,顶板上方 3.0～4.0 m 范围内为软弱层,塑性区隔层扩展坚硬岩层在该软弱岩层区域重新形成。在这种情况下,顶板塑性区分两区域分布,分别是浅部顶板 0～2.0 m 粉砂岩层与 3.0～4.0 m 范围内的泥岩层,系统称之为危险层位。在进行支护设计时,浅部危险层位是需要普通锚杆密集支护的,深部危险层位也是需要锚杆(索)隔层扩展布置的。此时,冒顶高度有可能到达 4.0 m,根据复合顶板巷道冒顶控制对策分析,建议锚固层位高于隐患冒顶高度 0.5 m 以上,锚固长度取 1.5 m,即合理锚固层位为 4.5～6.0 m。应用系统时,在巷道周边围岩应力与岩层参数输入界面,以上信息将自动显示,如图 4-13 左侧的功能区所示。

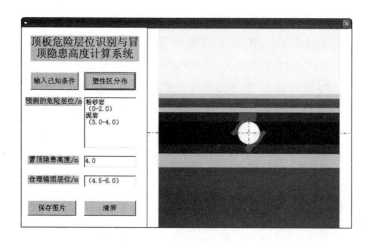

图 4-13　顶板危险层位识别与冒顶隐患高度计算系统应用示例 Ⅰ

如图 4-14 所示,当巷道顶板为软硬相间的岩层组合时,顶板上方 2.0～ 3.0 m、4.0～4.5 m 范围内为软弱层,塑性区隔层扩展坚硬岩层在该软弱岩层区域重新形成。在这种情况下,顶板塑性区分 3 个区域分布,危险层位为 0～1.0 m、2.0～3.0 m、4.0～4.5 m。此时,冒顶高度有可能到达 4.0 m,建议锚固层位高于隐患冒顶高度 4.5 m 以上,锚固长度取 2.0 m(一般隐患冒顶高度 4.0 m 以上时,锚固长度建议至少为 2.0 m),即合理锚固层位为 5.0～6.0 m,如图 4-14 左侧功能区所示。

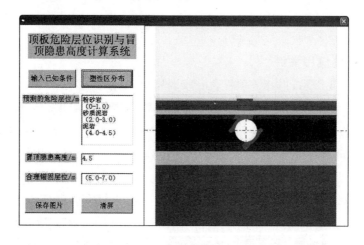

图 4-14　顶板危险层位识别与冒顶隐患高度计算系统应用示例 Ⅱ

需要指出的是,现场实际地质条件复杂多变,难免与理论计算有所差异,同时巷道断面的形状对巷道围岩塑性区也会有一定的影响,导致蝶形影响区内软弱夹层区域的塑性区分布面积会有所差异。但是,这种危险层位的位置识别是较为准确的,可以有效地识别冒顶隐患高度的边界,进而提出切实有效的控制对策,实现科学、合理的支护设计。当围岩需要注浆加固时,这种危险层位是确定合理注浆层位的重要依据。

4.3.2　预应力锚索支护性能

(1) 预应力锚索结构与构件

预应力锚索结构可分为 3 大部分:内锚固段、钢绞线自由段和外锚固段。如图 4-15 所示,除了锚固段外,影响锚索使用性能的是钢绞线和锚具的性能。

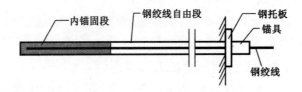

图 4-15　预应力锚索的结构

(2) 钢绞线的规格及其力学性能

预应力锚索使用《预应力混凝土用钢绞线》(GB/T 5224—2014)中的 $1×7$ 标准型钢绞线。这种钢绞线具有破坏力高、韧性好、低松弛的特点,既有一定刚度,又有一定柔性,可盘成卷便于运输,又可弯曲并实现自身搅拌树脂药卷快速安装,适合在空间尺寸较小的煤巷中使用。目前,我国生产 7 股高强度钢绞线多为两种强度级别:1 725 MPa 和 1 860 MPa。对于南山煤矿这类中等变形程度的巷道,锚索钢绞线一般使用 1 860 MPa 强度级别,ϕ17.8 mm锚索破断力可达 355 kN。

(3) 锚具的力学性能

锚索的锚具是保持钢绞线预紧拉力并将其传递到岩体中的锁紧装置。锚具可分为以下两类:

① 张拉端锚具:安装在钢绞线端部且可用以张拉的锚具。

② 固定端锚具:安装在钢绞线端部,通常埋入岩体或混凝土中且不用以

张拉的锚具。

预应力锚索使用的锚具一般是张拉端锚具,而且是单根钢绞线的锚具。锚具的静载锚固性能,应由预应力筋-锚具组装件静载试验测定的锚具效率系数 η_a 和达到实测极限拉力时组装件受力长度的总应变 ε_{apu} 确定。

锚具效率系数按下式计算:

$$\eta_a = \frac{F_{apu}}{\eta_p F_{pm}} \tag{4-27}$$

式中　　F_{apu}——钢绞线与锚具组装件的实测极限拉力;

　　　　F_{pm}——按钢绞线钢材试件实测破断载荷平均值计算的钢绞线的实际平均极限拉力。

锚具的静载锚固性能应同时满足下列两项要求:$\eta_a \geqslant 0.95, \varepsilon_{apu} \geqslant 2.0\%$。在预应力筋-锚具组装件达到实测极限拉力时,应当由预应力筋的断裂所致,而不应由锚具的破坏所致;试验后,锚具部件会有残余变形,但应能确认锚具的可靠性。

(4) 端头锚固单根预应力锚索的力学特性

在实际应用中,预应力锚索的力学性能是由孔内锚固端的锚固性能(取决于孔壁岩性、锚固剂性能)以及其搅拌程度、钢绞线、托盘、锚具的性能共同决定的。在锚索深部锚固端可稳定地锚固在坚硬岩层中的前提下,锚索的力学特性主要由钢绞线、锚具的性能以及二者共同作用的综合性能决定。

由国家相关标准对锚具的技术要求可知,锚索的承载能力和延伸率不一定能达到钢绞线力学性能的指标。当锚具在锁紧钢绞线时,由于局部受力对钢绞线造成损伤,致使其达不到钢绞线的抗拉强度而破断。在实验室标准检测的试验条件下,由钢绞线-锚具组装件静载试验测定的锚具效率系数 η_a 应满足下式要求:

$$\eta_a = \frac{F_{apu}}{\eta_p F_{pm}} \geqslant 0.95 \tag{4-28}$$

在井下实际使用中,锚索的受力条件与实验室有很大差别,主要表现在以下几个方面:

① 孔内锚固端使用锚固剂锚固,即使锚固强度满足要求,但对每根钢筋的锚固程度可能不同,从而影响钢绞线的整体受力状态。

② 锚索钢绞线的使用长度是试验室检测长度 4 倍以上,由于钢绞线长度大,松弛性增大使其在孔口位置预紧时可能造成 7 根钢筋受力不均。

③ 锚索孔口岩壁与钻孔轴线不垂直,这是常见的情况,也会引起钢绞线各钢筋受力不均,造成钢绞线在未达到其抗拉强度时,使各条钢筋逐根破断。

④ 在动载影响下,井下围岩的变形破坏活动使锚索受到波动的载荷,有时甚至有冲击载荷。

因此,预应力锚索在工程中的承载能力往往低于实验室测试得到的钢绞线与锚具组装件的承载能力。目前,许多矿井煤巷锚索设计考虑的最低破断载荷仍使用钢绞线的最低破断载荷,这是不可靠的。

(5) 预应力锚索自由段的最低延伸率

工程应用表明,自由段长 5 m 的锚索在顶板下沉量达 70 mm 时仍没有发生破坏。煤巷锚索破断载荷低的主要原因是钢绞线各股钢筋受力不均,当某股钢筋达到破断极限时,有些钢筋还未达到屈服极限。因此,第一股钢筋破断时的延伸率往往决定了锚索自由段的延伸率。

(6) 煤巷预应力锚索的工程特性

在煤巷锚杆支护中,使用预应力锚索进行加强支护时,应用到锚索的两个重要指标,即锚索的承载能力或破断力及锚索的延伸量。当前煤巷锚索支护设计尚未有技术规范,设计时普遍应用悬吊理论进行设计或检验。因此,仅考虑锚索的破断力这一指标,却忽视了锚索延伸率或延伸量的指标。实际上,锚索的延伸量也是至关重要的指标,它关系着锚索对巷道围岩变形的适应程度。在多数条件下,尤其是南山煤矿这种大变形巷道围岩条件下,锚索延伸量指标在设计中应放在第一位,其次才考虑锚索的承载能力。

在实际工程应用中,由于使用延伸率的指标不直观,通常使用锚索的延伸量指标,并且锚索的延伸量与锚索自由段的长度有关,因此以锚索可利用的延伸量(锚索工程延伸量)作为指标更便于支护设计使用。

锚索安装预紧力越小,其工程延伸量越大。由于钢绞线具有松弛特性,预紧后有一定的载荷松弛,因此过小的预紧力容易造成锚具卸载和滑移。在煤巷锚索安装时,以预紧力达到 30%～60% 为宜。

4.3.3 浅部破碎顶板的支护设计方法

在上覆岩层载荷（$(q_n)_1$）、采动影响等多重作用下，当顶板表层岩层极限跨距大于顶板裸露岩层尺寸（锚杆或锚索间距）时，顶板表层能够保持自身稳定，在此情况下可设计简易辅助材料支护（如钢筋托梁＋护网），防止少部分破碎块体掉落伤及行人；如图 4-16(a)所示。当顶板表层岩层极限跨距小于顶板裸露岩层尺寸时[图 4-16(b)]，辅助材料支护主要有两方面的作用：一方面，当巷道顶板发生变形后，辅助支护对顶板提供 q_2 的支护阻力，此时顶板表层岩层所承受的载荷为 $(q_n)_1 - q_2$，在 q_2 的支护载荷条件下，顶板表层能够保持自身稳定，辅助材料支护有效维护巷道顶板完整性，避免巷道顶板破坏范围向深部发展；另一方面，顶板表层岩层不能保持自身稳定时，辅助支护的作用是将破碎的顶板"兜吊"住，防止破碎岩块掉落威胁工作人员安全。

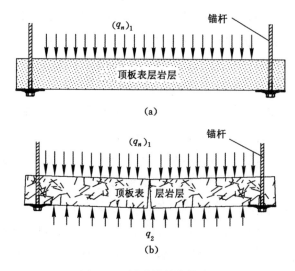

图 4-16 辅助材料支护原理

在进行巷道辅助材料支护设计时，可根据顶板表层岩层极限跨距与顶板裸露岩层尺寸的关系指导辅助支护材料的支护参数设计。除网片外的辅助材料支护完成后，顶板表层岩层极限跨距应大于裸露岩层尺寸。

（1）巷道顶板表层岩层稳定跨距研究

对于蝶形塑性区巷道，浅部顶板围岩虽属于塑性区范围，但在局部小范围内仍具有一定的完整性,顶板表层岩层的极限跨距仍可以借助材料力学弹性梁模型求得。根据图 4-17 所示的岩层受力环境,可视为两端固支梁进行受力分析。

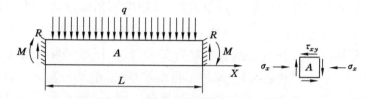

图 4-17　顶板表层岩层受力分析

已知梁内任意点的正应力 σ 为:

$$\sigma = \frac{My}{J_z} \tag{4-29}$$

式中　M——该点在断面的弯矩;

　　　y——该点离断面中性轴的距离;

　　　J_z——对称中性轴的断面距。

若取梁为单位宽度,则梁的断面距 $J_z = \frac{1}{12}h^3$(h 为基本顶岩层的单层厚度)。任意一点 A 的正应力 $\sigma = 12\dfrac{My}{h^3}$,根据固支梁的计算,最大弯矩发生在梁的两端:$M_{max} = -\dfrac{1}{12}qL^2$,$y = \dfrac{1}{2}h$。因此,该处的最大拉应力 σ_{max} 为:

$$\sigma_{max} = \left(\frac{1}{12}qL^2 \cdot \frac{1}{2}h\right)\frac{1}{12}h^3 = \frac{qL^2}{2h^2} \tag{4-30}$$

当 $\sigma_{max} = R_T$ 时,即岩层在该处的正应力达到该处的抗拉强度极限,岩层将在该处拉裂。根据组合梁原理,一直考虑到 n 层对第 1 层影响时形成的载荷,即 $(q_n)_1$。由此可得:

$$(q_n)_1 = \frac{E_1 h_1^3(\gamma_1 h_1 + \gamma_2 h_2 + \cdots + \gamma_n h_n)}{E_1 h_1^3 + E_2 h_2^3 + \cdots + E_n h_n} \tag{4-31}$$

式中　E_n——第 n 层岩层的弹性模量;

　　　h_n——第 n 层岩层的岩层厚度。

在未受采动影响时,顶板表层岩层的极限跨距为:

$$L_1 = h \sqrt{\frac{2R_T}{(q_n)_1}} \qquad (4\text{-}32)$$

实测数据表明,在巷道掘进后至工作面回采期间,采动影响范围内巷道和无采动影响的巷道变形量差别很大,采动影响对回采巷道顶板稳定性影响非常明显。当采煤工作面推进时,在距离工作面一定范围内,回采巷道的顶板压力显现程度与巷道直接顶厚度有关,并且矿压显现程度与工作面采高有明显的关系。也就是说,当采煤工作面推进时,在回采巷道中引起的采动压力跟巷道直接顶厚度与采高的比值有关。因此,巷道直接顶厚度与采高的比值可用来代替回采期间回采巷道受采动影响程度。

在受一次采动时,采动影响集中系数一般为 2.5;在直接顶的厚度为采高的 4 倍时,采动影响集中系数最小。所以,受一次采动时的影响系数为:

$$f_采 = 2.5 - 0.25 \times \frac{直接顶}{采高} \qquad (4\text{-}33)$$

在受二次采动时,采动影响集中系数一般为 3.5;在直接顶的厚度为采高的 4 倍时,采动影响集中系数最小。所以,受一次采动影响的影响系数为:

$$f_采 = 3.5 - 0.25 \times \frac{直接顶}{采高} \qquad (4\text{-}34)$$

考虑采动影响系数与岩体强度系数 $f_强$(岩体强度与岩石强度的比值,一般情况下可取 0.65),结合顶板表层岩层的极限跨距,可确定采动影响下顶板表层岩层稳定跨距为:

$$L_表 = h \sqrt{\frac{2R_T f_强}{(q_n)_1 f_采}} \qquad (4\text{-}35)$$

(2) 巷道顶板短锚杆与辅助支护材料支护设计

锚杆(索)支护巷道,锚杆间排距一般在 0.6~1.3 m,锚索间排距一般在 1~3 m,巷道支护后,顶板岩层裸露尺寸一般在 0.6~1.6 m。因此,考虑一定的安全系数,顶板表层岩层稳定跨距 $L_表$ 取 0.5~2 m(安全系数 K 取 1.2),在制定辅助材料选择原则时,将 $L_表$ 划分为 4 个等级:$L_表 > 2$ m、1 m$< L_表 < 2$ m、0.5 m$< L_表 < 1.0$ m、$L_表 < 0.5$ m。

巷道辅助支护材料种类繁多,但是在作用机理、材质和结构形式上都有或多或少的相似性,总体上可分为托梁、钢带、护网 3 大部分;同时,每类辅助支护材料可以选取一种或几种类别作为典型,钢带选择根据材质特性的不同选择 W 形钢带和Ⅱ形钢带,护网根据材质和结构的不同选择菱形铁丝网、钢筋骨架网、钢筋网、钢板网。结合顶板表层岩层稳定跨距划分等级与巷道辅助支护材料选择,可制定巷道辅助材料选择原则指导辅助材料支护设计。巷道浅部顶板锚杆与辅助材料控制参照见表 4-1。在根据此原则进行巷道辅助材料设计时,若同一支护材料选型包含两种或多种,应根据巷道围岩条件、巷道断面尺寸、施工工艺等选择一种。

表 4-1 巷道浅部顶板锚杆与辅助材料控制参照

辅助材料	尺寸或材质	顶板表层岩层稳定跨距 $L_表$			
		$L_表>2$ m	1 m$<$ $L_表<2$ m	0.5 m$<$ $L_表<1.0$ m	$L_表<0.5$ m
钢筋托梁 (钢筋直径×宽度)	10 mm×80 mm		√		
	12 mm×80 mm			—	
	16 mm×80 mm				√
W 形钢带 (厚度×宽度)	3 mm×230 mm	—		√	
Ⅱ形钢带 (厚度×宽度)	4 mm×230 mm		—		
	8 mm×230 mm				
钢梁 (槽钢型号)	14# 槽钢				√
	16# 槽钢				
菱形铁丝网 (钢丝型号/ 网格尺寸)	8# /45 mm×45 mm	√			
	12# /80 mm×80 mm				
钢筋骨架网 (钢丝型号/ 网格尺寸)	8# /45 mm×45 mm		√		
	12# /80 mm×80 mm			√	
钢筋网(钢筋 直径/网格尺寸)	$\phi6.5$ mm/150 mm×150 mm				
	$\phi6.5$ mm/120 mm×120 mm				√
钢板网(网格尺寸)	150 mm×150 mm			—	
锚杆间排距		1.1~1.3 m	0.9~1.2 m	0.8~1.1 m	0.7~1.0 m

4.4 本章小结

（1）基于断裂力学的应用基础，建立了巷道含软弱夹层顶板稳定性力学模型，引入了应力强度因子分析裂纹尖端的受力特点，分解并计算了 3 种简单载荷下的应力强度；同时，建立了巷道顶板稳定性与支护力、软弱夹层破裂区挤压载荷和下位坚硬岩层可承受的极限载荷之间的关系，得到了下位坚硬岩层可承受的极限载荷与下位坚硬岩层参数断裂韧性、下位坚硬岩层厚度、损伤裂纹的长度、巷道的宽度、水平挤压力等参数有关。

（2）根据南山煤矿 2303 回风平巷巷道工程地质条件，依据巷道顶板稳定性与支护力、软弱夹层破裂区挤压载荷和下位坚硬岩层可承受的极限载荷之间的关系式，得出了软弱夹层破裂区对下位坚硬岩层的挤压载荷 q_s 为 3.3 MPa 时，当坚硬岩层厚度增为 2.4 m 时（此坚硬岩层厚度接近南山矿巷道顶板坚硬岩层的最大厚度），所需载荷仍需要 2.0 MPa，远远超过现有工程技术所能达到的最大支护力；当软弱夹层破裂区对下位坚硬岩层的挤压载荷 q_s 分别为 6.6 MPa、10.0 MPa 时，维持顶板整体稳定所需的支护力则进一步增加。

（3）分析了复合顶板巷道顶板整体稳定的关键在于：锚杆（索）自由端长度大于软弱夹层破裂区的上边界，而不仅只是要求锚杆（索）锚固于顶板坚硬岩层，从而有效抑制软弱夹层破裂区的扩展；锚杆（索）需要具备一定的延伸性能或长度，以适应顶板整体破裂所引起的变形；浅部顶板锚杆与辅助材料支护应有一定的支护密度和护表能力，以防止浅部破碎顶板的小型冒顶与局部漏顶。

第5章

复合顶板采动巷道帮部稳定性控制

在研究复合顶板采动巷道围岩控制方法与技术的基础上，本章从维护巷道整体稳定的角度出发，认为要保持巷道顶板整体稳定，不仅要控制浅部围岩破裂区的发展，更重要的是控制软弱岩层破裂区的扩展，因而提出以围岩破裂区为主导的控制方法；同时，针对采动影响后的巷道帮部大变形情况，提出高延伸性组合锚杆围岩变形控制技术。该复合顶板采动巷道围岩控制方法与技术能有效维持巷道围岩稳定，提高工作面回采速度。

5.1 采动巷道帮部大变形理论分析

采动巷道绝大部分开掘在煤层中，靠近扰动源，导致大量巷道围岩变形破坏严重、支护体失效频繁，片帮、冒顶事故时有发生。尤其是强度较低的巷道帮部煤体，破坏深度普遍较大、非均匀变形剧烈，传统支护方式很难保障巷帮围岩稳定，为保证巷道的正常使用，一般都要进行繁重的扩帮工作，多数区域巷道的翻修量占整个巷道掘进量的 40% 以上。巷帮大变形一般不出现顶板大变形伴随的巨大致灾隐患，长期以来关于巷帮支护的理论与技术研究相对缺乏，巷帮围岩大变形处理以翻修为主。然而，由于地质条件的日趋复杂，巷帮围岩控制问题严重影响了矿井高产高效，因此揭示采动巷道帮部大变形破坏规律、提出针对性的应对方案将对巷道的正常使用和安全具有实际意义。

根据数值模拟结果显示,巷道围岩周边主应力比值、偏转角度的变化会造成围岩破坏深度和位置分布的不同,巷道围岩主应力变化与塑性区分布关系,如图5-1所示。

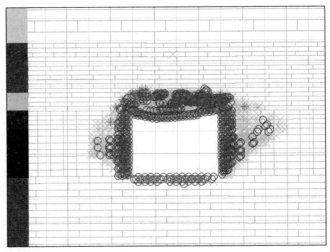

(a) $\lambda=2.0$、$\alpha=30°$

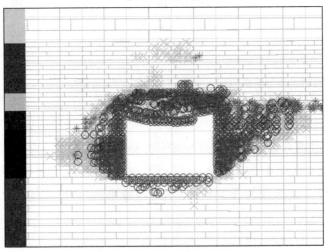

(b) $\lambda=2.5$、$\alpha=45°$

图5-1　巷道围岩主应力变化与塑性区分布关系

　　图 5-1(a)为巷道围岩大小主应力比值 $\lambda=2.0$、主应力偏转角度 $\alpha=30°$ 条件下围岩塑性区分布情况。此时，蝶形塑性区蝶叶朝向两帮位置，但未完全朝向帮部中间位置，因而帮部塑性区的深度及范围不大。巷道左侧帮部最大破坏深度为 1.8 m，右侧帮部最大破坏深度为 3.0 m；顶板浅部区域破坏深度为 1.2 m，且在深部出现塑性区隔层扩展迹象，而底板破坏深度只有 0.3 m。

　　图 5-1(b)为巷道围岩大小主应力比值 $\lambda=2.5$、主应力偏转角度 $\alpha=45°$ 条件下围岩塑性区分布情况。此时，蝶形塑性区蝶叶朝向两帮中间位置，因此帮部塑性区的深度及范围都较之前有所增加。巷道左侧帮部最大破坏深度为 3.6 m，右侧帮部最大破坏深度为 4.8 m；顶板破坏最大深度为 3.0 m，在深部出现塑性区隔层扩展现象，且浅部区域塑性区与深部隔层扩展塑性区出现了贯通，顶板出现垮落现象，而底板破坏深度也增加至 1.5 m。

　　上述巷道围岩周边主应力比值、偏转角度的变化会造成围岩破坏深度和位置分布的不同的现象在理论上也得到了验证。根据已有研究成果[63]，采用如图 5-2 所示的圆形孔洞平面应变力学模型，获得的均质围岩条件下非等压圆形巷道围岩塑性区边界 R_0 的数学表达式为：

$$9\left(1-\frac{p_1}{p_3}\right)^2\left(\frac{a}{R_o}\right)^8+\left[-12\left(1-\frac{p_1}{p_3}\right)^2+6\left(1-\frac{p_1^{\,2}}{p_3^{\,2}}\right)\cos 2\theta\right]\left(\frac{a}{R_o}\right)^6+$$

$$\left[10\left(1-\frac{p_1}{p_3}\right)^2\cos^2 2\theta-4\left(1-\frac{p_1}{p_3}\right)^2\sin^2\varphi\cos^2 2\theta-\right.$$

$$2\left(1-\frac{p_1}{p_3}\right)^2\sin^2 2\theta-4\left(1-\frac{p_1^{\,2}}{p_3^{\,2}}\right)\cos 2\theta+\left(1+\frac{p_1}{p_3}\right)^2\right]\left(\frac{a}{R_o}\right)^4+$$

$$\left[-4\left(1-\frac{p_1}{p_3}\right)^2\cos 4\theta+2\left(1-\frac{p_1^{\,2}}{p_3^{\,2}}\right)\cos 2\theta-\right.$$

$$\left.4\left(1-\frac{p_1^{\,2}}{p_3^{\,2}}\right)\sin^2\varphi\cos 2\theta-\frac{4c(p_3-p_1)\sin 2\varphi\cos 2\theta}{p_3^{\,2}}\right]\left(\frac{a}{R_o}\right)^2+$$

$$\left[\left(1-\frac{p_1}{p_3}\right)^2-\sin^2\varphi\left(1+\frac{p_1}{p_3}+\frac{2c\cos\varphi}{p_3\sin\varphi}\right)^2\right]=0 \qquad (5\text{-}1)$$

式中　p_1,p_3——区域应力场最大主应力、最小主应力，其中 $p_1/p_3=\eta$；

　　　　c,φ——煤岩介质的黏聚力、内摩擦角；

　　　　a——巷道半径。

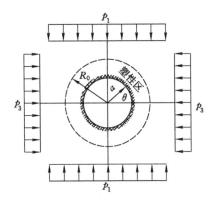

图 5-2 非等压圆形巷道围岩塑性区计算模型

由式(5-1)可以获得不同围压条件（$p_1/p_3 = \eta$）下巷道围岩塑性区边界分布。分析发现，区域应力场的双向主应力比值 η 控制着巷道围岩塑性区的形状，当双向主应力比值较大时，巷道围岩塑性区形状为蝶形，而且蝶叶均位于两个主应力方向夹角的角平分线附近，即蝶形塑性区的蝶叶位置具有方向性。但是，随着最大主应力方向的改变，蝶形塑性区的蝶叶位置也会发生改变，如图 5-3 所示。

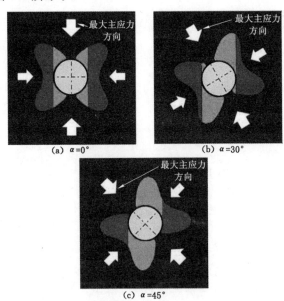

图 5-3 巷道围岩蝶形塑性区形态与主应力方向的关系

当最大主应力与竖直方向的夹角为 0°时,蝶形塑性区的蝶叶位于巷道围岩 4 个角部位置,顶、底板破坏范围较小,如图 5-3(a)所示;当最大主应力与竖直方向的夹角为 30°时,蝶形塑性区的蝶叶发生偏转,但蝶叶并非完全偏转至顶板正上方,而是偏向顶板右侧位置,此时帮部塑性破坏范围也进一步增大,如图 5-3(b)所示;当最大主应力与竖直方向的夹角为 45°时,蝶形塑性区的蝶叶发生偏转,此时蝶叶完全偏转至顶板正上方位置,顶板塑性区的破坏深度及范围将达到最大,而此时帮部破坏范围也达到最大,如图 5-3(c)所示。若巷道围岩条件较差,当主应力方向不为水平或垂直时,蝶形塑性区的蝶叶会位于巷道顶板,此时帮部的破坏深度及范围最大,巷道将出现严重的帮部大变形。

5.2　采动巷道帮部变形破坏可控性分析

非均匀应力场条件下增加支护阻力影响巷道帮部塑性区形态的计算极为复杂。为了分析问题的简便和说明一般规律,利用经典的理想弹塑性分析模型,分析均匀应力场条件下支护阻力对巷道帮部变形破坏的影响程度。巷道帮部塑性区半径与支护强度的关系为[34]:

$$R = R_0 \left[\frac{(p_0 + c \cdot \cot \varphi)(1 - \sin \varphi)}{p_i + c \cdot \cot \varphi} \right]^{\frac{1 - \sin \varphi}{2 \sin \varphi}} \tag{5-2}$$

巷道帮部位移与支护强度的关系为[34]:

$$u^p = B_0 R \left(\frac{R}{r_0} \right)^{(1+\eta)} \tag{5-3}$$

其中:

$$B_0 = \frac{(1 + \mu)[(K - 1)p_0 + \sigma_c]}{(K + 1)E} \tag{5-4}$$

$$K = \frac{1 + \sin \varphi}{1 - \sin \varphi} \tag{5-5}$$

式中　p_0——原岩应力;

　　　p_i——支护阻力;

　　　R_0——圆形巷道半径;

φ——帮部煤体内摩擦角；

c——帮部煤体黏聚力；

μ——泊松比；

K——侧压系数；

E——弹性模量；

σ_c——单轴抗压强度；

η——岩体扩容梯度。

由式(5-2)可知，巷道帮部塑性区半径与原岩应力、岩性条件和支护阻力有关。应用该公式可以得到帮部塑性区半径随支护强度的变化曲线，还可以分析支护阻力对巷道帮部塑性区半径的影响程度。据此，人们在原有巷道支护的基础上可探究帮部不同支护强度对于采动巷道帮部塑性破坏范围的影响。表 5-1 为巷道帮部采用的支护强度试验方案；巷道巷帮塑性区随支护强度的变化曲线如图 5-4 所示。

表 5-1　巷道帮部支护强度试验方案

典型方案	支护密度	破断力/kN		支护强度/MPa
		锚杆	锚索	
方案 A	2 根 ϕ20 mm 锚杆/m	155	—	0.11
方案 B	4 根 ϕ20 mm 锚杆	155	—	0.21
方案 C	2 根 ϕ20 mm 锚杆＋2 根 ϕ17.8 mm 锚索/m	155	355	0.35
方案 D	4 根 ϕ17.8 mm 锚索/m	—	355	0.49
方案 E	5 根 ϕ21.6 mm 锚索/m	—	539	0.74
方案 F	8 根 ϕ21.6 mm 锚索/m	—	539	1.48
方案 G	10 根 ϕ21.6 mm 锚索/m	—	539	1.98

由图 5-4 可以看出，方案 A 为巷道帮部两侧每延米分别布置 2 根 ϕ20 mm 锚杆，支护强度为 0.11 MPa 时，巷道帮部塑性破坏深度为 3.0 m；方案 B 为巷道帮部两侧每延米分别布置 4 根 ϕ20 mm 锚杆，支护强度升至 0.21 MPa，帮部塑性破坏深度保持不变维持在 3.0 m；方案 C 为巷道帮部两侧每延米分别布置 2 根 ϕ20 mm 锚杆和 2 根 ϕ17.8 mm 锚索，支护强度为 0.35 MPa，帮部塑性破坏深度依旧保持在 3.0 m 保持不变；方案 D 为巷

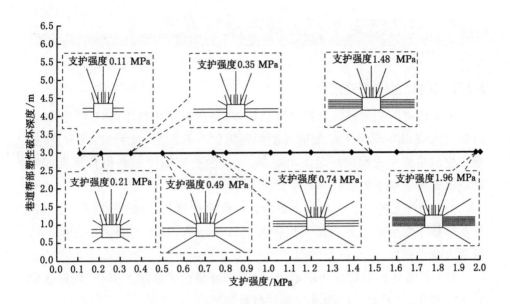

图 5-4 巷道帮部塑性区随支护强度的变化曲线

道帮部每延米分别布置 4 根 ϕ17.8 mm 锚索,支护强度为 0.49 MPa,帮部塑性破坏深度依旧保持在 3.0 m 保持不变;同样地,方案 E、方案 F 继续增加锚索尺寸及数量至每延米布置 5 根、8 根、10 根 ϕ21.6 mm 锚索时,支护强度分别为0.74 MPa、1.48 MPa、1.98 MPa,但帮部塑性破坏深度依旧保持在 3.0 m 保持不变。

综上所述,从各种方案对巷道帮部塑性变形破坏的控制效果来看,很难有效控制帮部大变形;同时,考虑到实际工程中巷道帮部每延米布置锚索的数量,这是不现实的,并且采煤帮高强的锚杆(索)支护影响工作面的正常回采,不宜高密度支护。因此,在现有工程技术条件下,支护阻力的增大难以实现对巷道帮部塑性破坏的有效控制,企图采用高强支护对巷道帮部塑性破坏引起围岩变形进行控制是很难达到目的的,需要针对性控制对策。

5.3 采动巷道帮部大变形控制技术

5.3.1 帮部大变形控制原理

由巷道帮部变形破坏可控性分析可知,在现有工程技术条件下,支护阻力的增大难以实现对于巷道围岩塑性破坏的有效控制,加大锚杆(索)支护强度控制巷道大变形破坏是不可行的。因此,合理地控制巷道帮部大变形则应优先考虑以下方面:

(1)锚杆支护材料应具有足够的延伸性和抗剪能力,保证帮部大变形条件下锚杆不发生破断并能持续提供较高支护阻力,以最大限度地遏制巷道帮部大变形破坏。

(2)巷道的扩帮修复在所难免,但应尽量简化扩帮施工工艺,锚杆支护施工应简便,同时减少扩帮工作量和材料消耗。

(3)软弱煤体中的锚固力要合乎要求,确保锚杆材料延伸过程中不发生锚固失效现象。

5.3.2 高延伸性组合锚杆性能分析

根据巷道帮部大变形控制原理,研发了适用于大变形巷帮支护的高延伸性组合锚杆,如图 5-5 所示。该锚杆主要由锚固剂搅拌装置、高强套筒、紧固装置和 HPB235 杆体构成。在安装高延伸性组合锚杆时,首先将高强套管固定在杆体的尾端相应位置,然后在锚头位置安装搅拌装置,待围岩钻孔施工结束后再进行锚杆的常规安装工作。其中,锚固剂搅拌需在杆体尾端加装专有锚杆搅拌装置,如图 5-6(a)所示;安装托盘和锁具后需用锚杆张拉千斤顶将锚杆张拉至符合要求的强度,如图 5-6(b)所示。

该高延伸性组合锚杆,HPB235 杆体具有较好的延展性,其延伸率可达 20%～25%,可保障围岩大变形条件下不破断。针对巷道帮部锚杆尾端破断频发现象,杆体尾部增设了高强套筒,防止浅部围岩发生塑性破坏时杆体尾端遭到剪切破坏。锚杆端头部位设置搅拌装置可以充分搅匀锚固剂,增加树脂锚固剂的锚固效力;同时,在杆体顶端 600 mm 以上的范围内布置左旋压肋,从而增加杆体与锚固药体的结合面积,防止发生脱锚现象。锚杆尾部的紧固装置采用可持续紧固锁具,在巷道帮部扩修后仍然可以继续使用,

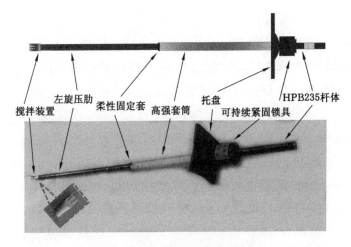

图 5-5　高延伸性组合锚杆示意图

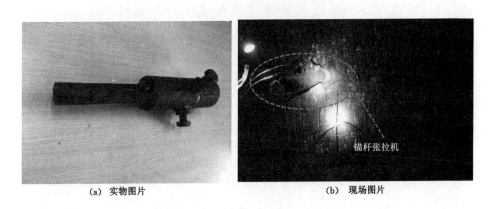

(a) 实物图片　　　　　　　　　　(b) 现场图片

图 5-6　高延伸性组合锚杆现场安装

不存在重打锚杆问题，可成倍提高锚杆的利用率。

　　高强套筒在有限尺寸条件下应具备尽量高的抗剪强度，以弥补 HPB235 杆体抗剪能力的不足。高强套管区域锚杆的抗剪能力提高倍数 η 可按式(5-6)计算：

$$\eta = \frac{Fs_2}{Fs_1} = \pi\tau_2 \left(\frac{(d_2 - d_3)}{2}\right)^2 / \left[\pi\tau_1 \left(\frac{d_1}{2}\right)^2\right] = \frac{\tau_2 (d_2 - d_3)^2}{\tau_1 d_1^2} \quad (5-6)$$

式中　τ_1——杆体抗剪强度；

　　　τ_2——高强套筒抗剪强度；

　　　d_1——杆体直径；

d_2——高强套筒外径；

d_3——高强套筒内径。

HPB235 材质的极限抗拉强度为 370 MPa，其抗剪强度约为 259 MPa，HPB235 杆体直径为 18 mm；高强套筒选用强度较高的 AerMet100 材质，其抗剪强度为 1 965 MPa，外径为 21 mm，内径为 19 mm。因此，高强套管区域锚杆的抗剪能力提高倍数为 7.39，大幅增强了杆体尾端的抗剪能力与稳定性。

为了反映高延伸性组合锚杆的拉伸性能和破断强度，选取 $\phi18$ mm×2 000 mmHPB235 杆体进行了实验室的拉伸试验，同时选取了 $\phi17.8$ mm×2 000 mm 的锚索作为对比，如图 5-7 所示。可以看出，2 000 mm 的 $\phi17.8$ mm 锚索的最大延伸长度为 48 mm，延伸率为 2.40%，而 2 000 mm 的 $\phi20$ mmHPB235 锚杆的最大延伸长度为 473 mm，延伸率为 23.65%，HPB235 杆体的延伸能力较好，且在延伸长度超过 32 mm 以后，其拉拔力稳定在 123 kN 以上。

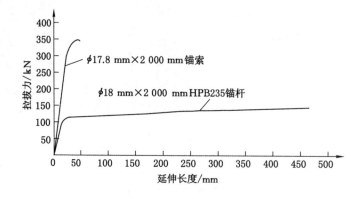

图 5-7　锚索与 HPB235 杆体拉伸试验曲线

5.4　本章小结

（1）以巷道蝶形塑性区基本理论为指导，分析了巷道围岩周边主应力比值、偏转角度的变化会造成围岩破坏深度和位置分布的不同。当主应力方向不为水平或垂直时,蝶形塑性区的蝶叶会位于巷道顶板。此时,帮部的破坏深度及范围最大,巷道将出现严重的帮部大变形。

(2) 基于巷道帮部变形破坏可控性分析,分析了复合顶板巷道帮部大变形控制的关键在于:锚杆支护材料应具有足够的延伸性和抗剪能力,尽量简化扩帮施工工艺,锚杆支护施工应简便,同时减少扩帮工作量和材料消耗,且软弱煤体中的锚固力要合乎要求,确保锚杆材料延伸过程中不发生锚固失效现象。

(3) 以巷道帮部大变形控制原理为基础,研发了一种大变形巷帮支护的高延伸性组合锚杆。该高延伸性组合锚杆具有足够的延伸性和抗剪能力,能够保证帮部大变形条件下锚杆不发生破断,并且能够持续提供较高支护阻力,最大限度地遏制巷道帮部大变形破坏。

第6章

工 程 应 用

　　基于复合顶板采动巷道围岩破坏形态与控制技术研究,在南山煤矿相邻工作面的回风平巷进行支护优化试验,同时对试验段巷道进行表面位移观测与锚杆工作阻力监测,对比分析以围岩破裂区为主导的顶板冒顶控制方法与高延伸性组合锚杆围岩变形控制技术对巷道帮部大变形的适应性和控制效果。

6.1　巷道围岩支护设计与试验方案

　　南山煤矿回采巷道存在冒顶隐患的根本原因在于其顶板软弱夹层在采动影响期间发生破坏。根据含软弱夹层顶板巷道冒顶控制方法,以抑制顶板软弱夹层破坏扩展为主线,对南山煤矿相邻工作面回风平巷支护进行优化设计,如图 6-1 所示。综合软弱夹层分布位置,锚索长度由原方案的6.5 m 增加至 8.0 m,每排 3 根,排距为 1 100 mm。一方面,可以保证锚索锚固于软弱夹层上方的坚硬稳定岩层,控制软弱夹层破裂区的扩展;另一方面,增加了锚索的可延伸长度以及对顶板变形的适应性。将锚杆长度由原来的 2.0 m 增加至 2.4 m,以便锚固在坚硬岩层上,在保障锚固质量的同时,进一步控制浅部围岩破裂区的发展,锚杆间排距为 800 mm×1 100 mm;辅助支护材料以 $\phi6$ mm 的钢筋网为主,起到较好的护表作用。

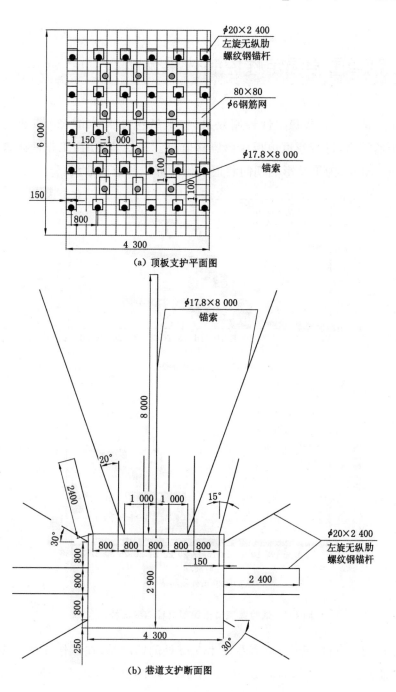

(a) 顶板支护平面图

(b) 巷道支护断面图

图 6-1　试验巷道支护设计图

6.2 巷道围岩稳定性控制效果分析

为了验证巷道顶板稳定性控制效果,在距离巷口 450 m、420 m 处分别设置一个监测站,进行巷道顶板深部位移监测。开始监测时,工作面距离巷口 510 m。图 6-2 为采动影响期间巷道顶板深部位移监测曲线。

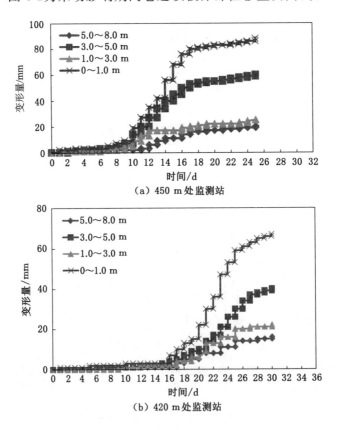

（a）450 m 处监测站

（b）420 m 处监测站

图 6-2　试验巷道顶板深部位移监测曲线

由图 6-2(a)可以看出,距离巷口 450 m 处的监测站,在工作面推进 10 d 后(此时监测站位于工作面前方 30 m 左右),顶板变形速率开始增大;在监测 17 d 后(此时监测站位于工作面前方 10 m 左右),顶板变形趋缓,整个监测期间顶板总变形量则为 193 mm。从变形量的层位分布来看,0～1.0 m 层位内变形量占总变形量的 45.6%,1.0~3.0 m 层位内变形量占总变形量的 13.0%,3.0~5.0 m 层位内变形量占总变形量的 31.1%,5.0~8.0 m 的深部层位内变形量占总变形量的 10.4%。由此可以推断,0~1.0 m 层位内变形量主要来源于浅部顶板粉砂岩内部的破坏,3.0~5.0 m 层位内变形量主要由软弱砂质泥岩层破坏引起,而下位坚硬细砂岩所处层位(1.0~3.0 m)发生变形较少,主要是坚硬岩层周边围岩破坏和其本身破裂所引起。

由图 6-2(b)可以看出,距离巷口 420 m 处监测站,在工作面推进 19 d 后(此时监测站位于工作面前方 30 m 左右),顶板变形速率开始增大;在监测 26 d 后(此时监测站位于工作面前方 10 m 左右),顶板变形趋缓,整个监测期间顶板总变形量则为 145 mm。从变形量的层位分布来看,0~1.0 m 层位内变形量占总变形量的 46.2%,1.0~3.0 m 层位内变形量占总变形量的 15.2%,3.0~5.0 m 层位内变形量占总变形量的 27.6%,5.0~8.0 m 的深部层位内变形量占总变形量的 11.0%。由此可推断,0~1.0 m 层位内变形量主要来源于浅部顶板粉砂岩内部的破坏,3.0~5.0 m 层位内变形量主要由软弱砂质泥岩层破坏引起,而下位坚硬细砂岩所处层位(1.0~3.0 m)发生变形较少,主要是坚硬岩层周边围岩破坏和其本身破裂所引起。整条巷道服务期间未出现冒顶事故,顶板变形均在锚杆(索)可承受的范围内,顶板整体稳定性较好。

在针对相邻工作面回风平巷巷道顶板应用以围岩破裂区为主导的控制方法进行顶板支护优化设计同时,对巷道帮部大变形巷帮支护的高延伸性组合锚杆进行了应用。相邻工作面回风平巷巷道帮部安装高延伸性组合锚杆时,首先将高强套管固定在杆体的尾端相应位置,然后在锚头位置安装搅拌装置,待围岩钻孔施工结束后进行锚杆的常规安装工作。其中,锚固剂搅拌需在杆体尾端加装专有锚杆搅拌装置,如图 5-6(a)所示;安装托盘和锁具后需用锚杆张拉千斤顶将锚杆张拉至符合要求的强度,如图 5-6(b)所示。

根据南山煤矿生产现状,在相邻工作面回风平巷距离工作面 90~120 m 区域进行了支护试验,并且进行支护阻力监测,在试验段均匀布设 4 个测点(1#、2#、3#、4#),每个测点加设一个高延伸性组合锚杆并安装锚杆测力计,如图 6-3 所示,以监测巷道顶板在采动影响期间的控制效果和高延伸性组合锚杆支护力情况。监测统计结果如图 6-4 所示。

(a)　　　　　　　　　　　(b)

图 6-3　高延伸性组合锚杆安装情况与支护力监测

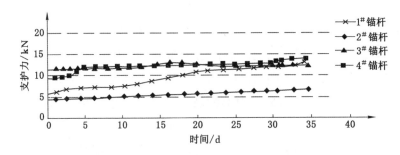

图 6-4　高延伸性组合锚杆支护力现场监测曲线图

　　根据监测结果显示,巷道帮部大变形过程中,1#、3#、4#锚杆支护力变化平稳且支护力维持在 125 kN 左右,2#锚杆由于围岩过于破碎支护力维持在 70 kN 但有上升趋势;同时,试验区域锚杆工作状态良好,极少出现锚杆破断现象。因此,高延伸性组合锚杆较大的延伸性能与抗剪能力,不仅能适应巷道帮部大变形,还能提供持续较高的工作阻力,且围岩变形期间不破断,保证了支护系统的可靠性与巷道帮部稳定。另外,在巷道帮部扩修后,该锚杆经过简易处理和二次张拉,仍可正常使用,利用率成倍提高。

6.3　本章小结

　　以南山煤矿相邻工作面回风平巷为工程背景,根据具体的地质条件,对相邻工作面回风平巷支护进行了优化设计,同时对相邻工作面回风平巷采

动影响后的巷道帮部大变形情况采用了新的支护材料,并在现场进行了工程实践,得到以下结论:

(1) 根据 450 m、420 m 处监测站监测结果显示:0~1.0 m 层位内变形量主要来源于浅部顶板粉砂岩内部的破坏,3.0~5.0 m 层位内变形量主要由软弱砂质泥岩层破坏引起,而下位坚硬细砂岩所处层位(1.0~3.0 m)发生变形较少,主要是坚硬岩层周边围岩破坏和其本身破裂所引起。

(2) 根据高延伸性组合锚杆支护力情况监测结果显示:巷道帮部大变形过程中,1#、3#、4# 锚杆支护力变化平稳且支护力维持在 125 kN 左右,2# 锚杆由于围岩过于破碎支护力维持在 70 kN 但有上升趋势;同时,试验区域锚杆工作状态良好,极少出现锚杆破断现象。另外,在巷道帮部扩修后,该锚杆经过简易处理和二次张拉,仍可正常使用,利用率成倍提高。

第7章
主要研究结论

随着煤矿开采范围的不断扩大和开采深度的不断增加,复杂困难条件下的弱黏结复合顶板、强烈采动影响以及大断面巷道等所占的比例越来越大,煤矿巷道围岩大变形带来的支护失效、冒顶等事故频发,因而弄清巷道围岩变形破坏机理、提出具有针对性的控制措施对于煤矿安全有着十分重要的意义。

本书以南山煤矿 2303 回风平巷为工程背景,采用理论分析、数值模拟和现场试验相结合的综合研究方法,现场探测了回采巷道围岩破裂形态与变形规律,结合采动巷道应力环境特征,掌握了巷道围岩变形破坏机理,获取了巷道顶板各分层岩体强度、位置、厚度等岩体结构与应力环境对围岩塑性区隔层扩展分布的影响规律,阐明了塑性区隔层扩展分布特征与巷道冒顶高度、冒顶形态之间的内在关联。据此,针对复合顶板采动巷道冒顶提出了以复合顶板破裂形态为主导的控制方法,同时针对巷道帮部大变形提出了高延伸性组合锚杆围岩变形控制技术,通过井下试验进行了验证,得到以下研究结论:

(1)南山煤矿 2303 回风平巷顶板为典型复合顶板,由浅到深依次为粉砂岩、细砂岩、砂质泥岩、细砂岩。在工作面回采巷道掘进期间,顶板完整性较好,未见明显的变形破坏。但在 2303 回采过程中,其回风平巷出现了一次冒顶事故;巷道帮部锚杆破断频繁,多数 $\phi20$ mm×2 000 mm 左旋无纵肋螺纹钢锚杆出现拉伸状态下的剪坏(锚杆破断截面粗糙且没有拉伸过度的缩颈现象)。

(2) 在采动影响作用下,巷道顶板软弱夹层极易出现破坏,并伴有强烈的膨胀变形压力,作用于下位坚硬岩层,软弱夹层厚度越大,其破坏产生的挤压作用越剧烈,对下位坚硬岩层影响越为显著;数值模拟结果显示,当顶板无软弱夹层时,下位坚硬岩层完整性较好,当顶板软弱夹层由 0.4 m 增至 1.0 m 时,下位坚硬岩层破裂程度不断加剧,破裂形式以拉破坏为主。

(3) 当顶板软弱夹层厚度一定时,其下位坚硬岩层厚度及力学性质对顶板整体稳定性有直接影响。数值模拟结果显示,当下位坚硬岩层厚度由 2.0 m 降至 0.8 m 时,其破裂程度逐步加剧;当下位坚硬岩层厚度为 0.8 m 时,则不足以抵抗软弱夹层破坏产生的挤压力,有可能出现巷道顶板整体破裂,出现冒顶隐患。

(4) 巷道顶板整体的破裂形态主要取决于软弱夹层厚度及其下位坚硬岩层物理力学性质,现有技术条件可提供的支护力对于阻止下位坚硬岩层破断作用不明显,冒顶控制需要锚杆(索)自由端长度大于软弱夹层破裂区的上边界且具有一定的延伸长度,以有效抑制软弱夹层破裂区的扩展,进而维持顶板整体稳定。

(5) 由于采动支承压力的巨大影响,造成两侧回采巷道周边围岩应力绝对值、主应力比值的升高和主应力方向的改变,导致巷帮出现较大的塑性破坏深度,且最大塑性破坏深度向巷帮中部移近,巷帮大范围的塑性破坏是产生围岩大变形、造成支护体损坏的本质原因。

(6) 在现有工程技术条件下,支护阻力的增大难以实现对于巷道围岩塑性破坏的有效控制,高延伸性组合锚杆具有足够的延伸性和抗剪能力,保证帮部大变形条件下锚杆不发生破断并能持续提供较高支护阻力,可最大限度地遏制巷道帮部大变形破坏,并且可以在巷道扩帮施工后继续使用,简化了扩帮施工工艺,成倍提高了锚杆利用率。

参 考 文 献

[1] 郑欢.中国煤炭产量峰值与煤炭资源可持续利用问题研究[D].成都:西南财经大学,2014.

[2] 尚红云,蒋萍.中国能源消耗变动影响因素的结构分解[J].资源科学,2009,31(2):214-223.

[3] 李文华.新时期国家能源发展战略问题研究[D].天津:南开大学,2013.

[4] 唐涛.我国区域能源协调发展战略中重大能源生产基地建设研究[D].成都:四川省社会科学院,2011.

[5] 崔民选.中国能源发展报告(2012)[M].北京:社会科学文献出版社,2012.

[6] 冯国军,吴文鹏,冯鹏程.浅谈煤矿"五大自然灾害"的危害及预防[J].陕西煤炭,2010,29(6):98-99.

[7] 康红普,张镇,黄志增.我国煤矿顶板灾害的特点及防控技术[J].煤矿安全,2020,51(10):24-33.

[8] 于健浩,毛德兵.我国煤矿顶板管理现状及防治对策[J].煤炭科学技术,2017,45(5):65-70.

[9] 李中伟.复合顶板应力集中区巷道围岩控制技术研究[J].煤炭工程,2020,52(12):38-41.

[10] 马其华,姜斌,许文龙,等.复合顶板巷道围岩控制技术研究[J].煤炭工

程,2016,48(5):47-49.

[11] 李磊,柏建彪,徐营,等.复合顶板沿空掘巷围岩控制研究[J].采矿与安全工程学报,2011,28(3):376-383.

[12] 郭文兵,白二虎,杨达明.煤矿厚煤层高强度开采技术特征及指标研究[J].煤炭学报,2018,43(8):2117-2125.

[13] GUO W B. Relationship between surface subsidence factor and mining depth of strip pillar mining[J]. Transactions of nonferrous metals society of china,2011,21:s594-s598.

[14] KASTNER H. 隧道与坑道静力学[M].《隧道与坑道静力学》翻译组,译.上海:上海科学技术出版社,1980.

[15] JIANG Y. Theoretical estimation of loosening pressure on tunnels in soft rocks[J]. Tunnelling and underground space technology,2001,16(2):99-105.

[16] 于学馥,乔端.轴变论和围岩稳定轴比三规律[J].有色金属,1981(3):8-15.

[17] 于学馥.轴变论与围岩变形破坏的基本规律[J].铀矿冶,1982,1(1):8-17.

[18] 于学馥.重新认识岩石力学与工程的方法论问题[J].岩石力学与工程学报,1994,13(3):279-282.

[19] 鹿守敏,董方庭,高明德,等.软岩巷道锚喷网支护工业试验研究[J].中国矿业学院学报,1987,16(2):26-35.

[20] 董方庭,宋宏伟,郭志宏,等.巷道围岩松动圈支护理论[J].煤炭学报,1994,19(1):21-32.

[21] 郭志宏,董方庭.围岩松动圈与巷道支护[J].矿山压力与顶板管理,1995,12(增刊1):111-114.

[22] 常帅斌,刘小康,邵生俊,等.隧道围岩应力和塑性域的双剪强度理论的分析[J].水利与建筑工程学报,2020,18(2):205-209.

[23] 经来旺,赵翔,经纬,等.基于岩石长期强度的深埋巷道围岩弹塑性分析[J].安徽理工大学学报(自然科学版),2020,40(5):1-7.

[24] 张小波,赵光明,孟祥瑞.基于 Drucker-Prager 屈服准则的圆形巷道围

岩弹塑性分析[J].煤炭学报,2013,38(增刊1):30-37.

[25] 陈梁,茅献彪,李明,等.基于Drucker-Prager准则的深部巷道破裂围岩弹塑性分析[J].煤炭学报,2017,42(2):484-491.

[26] 骆开静,董海龙,高全臣.考虑流变和中间主应力的巷道围岩变形分区[J].煤炭学报,2017,42(增刊2):331-337.

[27] OSGOUI R R,ORESTE P. Convergence-control approach for rock tunnels reinforced by grouted bolts,using the homogenization concept [J]. Geotechnical and geological engineering,2007,25(4):431-440.

[28] PAN Y W,CHEN Y M. Plastic zones and characteristics-line families for openings in elasto-plastic rock mass[J]. Rock mechanics and rock engineering,1990,23(4):275-292.

[29] MATSUOKA H,NAKAI T R. Stress-deformation and strength characteristics of soil under three different principal stresses[J]. Proceedings of the Japan Society of Civil Engineers,1974(232):59-70.

[30] STAKEM. Stress-deformationand strength characteristics of soil under three difference principal stresses(discussion)[U]. Proc. of Japan Society of Civil Engineers,1976,246:137-138.

[31] MATSUOKA H,HOSHIKAWA T,UENO K. A general failure criterion and stress-strain relation for granular materials to metals[J]. Soils and foundations,1990,30(2):119-127.

[32] 刘洪涛,马念杰,王建民,等.回采巷道冒顶隐患级别分析[J].煤炭科学技术,2012,40(3):6-9.

[33] 刘洪涛,马念杰.煤矿巷道冒顶高风险区域识别技术[J].煤炭学报,2011,36(12):2043-2047.

[34] 侯朝炯团队.巷道围岩控制[M].徐州:中国矿业大学出版社,2013.

[35] 马念杰,李季,赵志强.圆形巷道围岩偏应力场及塑性区分布规律研究[J].中国矿业大学学报,2015,44(2):206-213.

[36] 赵志强.大变形回采巷道围岩变形破坏机理与控制方法研究[D].北京:中国矿业大学(北京),2014.

[37] 郭晓菲,郭林峰,马念杰,等.巷道围岩蝶形破坏理论的适用性分析[J].

中国矿业大学学报,2020,49(4):646-653.

[38] 冯吉成,石建军,许海涛,等.极坐标下圆形孔硐蝶形塑性区分布特征与扩展规律[J].煤炭科学技术,2019,47(2):208-217.

[39] 周府伟.三软煤层超前钻孔弱化引导切顶留巷技术研究[D].西安:西安科技大学,2019.

[40] 吕坤.上下煤层同采影响下保留巷道围岩破坏机理与控制[D].北京:中国矿业大学(北京),2018.

[41] 刘迅,王卫军,吴海,等.矩形巷道围岩塑性区扩展规律分析[J].矿业工程研究,2017,32(1):14-18.

[42] 黄聪,王卫军,袁超,等.主应力方向变化对巷道围岩塑性区形态特征的影响[J].矿业工程研究,2020,35(1):7-11.

[43] 黄聪,王卫军,袁超,等.基于塑性区扩展的采动复合顶板巷道围岩变形数值模拟[J].煤炭技术,2020,39(2):12-15.

[44] 王卫军,董恩远,袁超.非等压圆形巷道围岩塑性区边界方程及应用[J].煤炭学报,2019,44(1):105-114.

[45] 贾后省,马念杰,朱乾坤.巷道顶板蝶形塑性区穿透致冒机理与控制方法[J].煤炭学报,2016,41(6):1384-1392.

[46] 马念杰,李季,赵志强.圆形巷道围岩偏应力场及塑性区分布规律研究[J].中国矿业大学学报,2015,44(2):206-213.

[47] 杨佳楠,李青锋,邓弘哲,等.矩形与圆形巷道塑性区相关性分析:侧压系数不大于1[J].矿业工程研究,2019,34(4):10-15.

[48] 闫振雄.宣东二矿瓦斯优质通道构建方法研究[D].北京:中国矿业大学(北京),2016.

[49] 郭晓菲,马念杰,赵希栋,等.圆形巷道围岩塑性区的一般形态及其判定准则[J].煤炭学报,2016,41(8):1871-1877.

[50] 刘迅,王卫军,袁超,等.深部巷道变形与塑性区几何形态特征分析[J].矿业工程研究,2017,32(2):60-67.

[51] 袁越,王卫军,李树清,等.圆巷围岩塑性区形态特征指标体系构建与分析[J].矿业工程研究,2017,32(2):11-19.

[52] 袁超,张建国,王卫军,等.基于塑性区分布形态的软弱破碎巷道围岩控

制原理研究[J].采矿与安全工程学报,2020,37(3):451-460.

[53] 侯朝炯,郭励生,勾攀峰.煤巷锚杆支护[M].徐州:中国矿业大学出版社,1999.

[54] 勾攀峰,侯朝炯.回采巷道锚杆支护顶板稳定性分析[J].煤炭学报,1999,24(5):466-470.

[55] 袁永,刘志恒,柯发宏,等.浅埋烧变岩区斜井冒顶机理与围岩修复控制研究[J].采矿与安全工程学报,2018,35(5):910-917.

[56] 庞振忠,张新国,李飞,等.巷道断面对东胜矿区侏罗纪 4# 煤层掘进巷道稳定性的影响[J].煤矿安全,2017,48(8):207-210.

[57] 董红娟,姚贺瑜,张金山,等.回采巷道断面形状对巷道围岩稳定的研究与应用[J].内蒙古煤炭经济,2020(5):10-11.

[58] 李小裕,蒋金泉,丁楠,等.复杂采动条件下不同巷道断面形状围岩稳定性分析[J].煤炭技术,2019,38(7):58-61.

[59] SOFIANOS A I, KAPENIS A P. Effect of strata thickness on the stability of an idealized bolted underground roof[C]//Mine Planning and Equlpment Selection. Balkema,Rotterdam,1996:275-279.

[60] MOLINDA G M. Geologic hazards and roof stability in coal mines [R]. Pittsburgh: U. S. Department of Health and Human Services,2003.

[61] 李季,马念杰,赵志强.回采巷道蝶叶形冒顶机理及其控制技术[J].煤炭科学技术,2017,45(12):46-52.

[62] 贾后省,李国盛,王路瑶,等.采动巷道应力场环境特征与冒顶机理研究[J].采矿与安全工程学报,2017,34(4):707-714.

[63] 贾后省,李国盛,翁海龙,等.巷道蝶形塑性区顶板冒落特征与层次支护研究[J].中国安全生产科学技术,2017,13(6):20-26.

[64] 赵志强,马念杰,郭晓菲,等.大变形回采巷道蝶叶型冒顶机理与控制[J].煤炭学报,2016,41(12):2932-2939.

[65] 袁越,王卫军,袁超,等.深部矿井动压回采巷道围岩大变形破坏机理[J].煤炭学报,2016,41(12):2940-2950.

[66] 郭晓菲.巷道围岩塑性区形态判定准则及其应用[D].北京:中国矿业

大学(北京),2019.

[67] 李臣,霍天宏,吴峥,等.动压巷道顶板非均匀剧烈变形机理及其稳定性控制[J].中南大学学报(自然科学版),2020,51(5):1317-1327.

[68] 赵志强,马念杰,刘洪涛,等.巷道蝶形破坏理论及其应用前景[J].中国矿业大学学报,2018,47(5):969-978.

[69] GUO X F, ZHAO Z Q, GAO X, et al. The criteria of underground rock structure failure and its implication on rock burst in roadway:a numerical method[J]. Shock and vibration,2019(2):1-12.

[70] 镐振.义马煤田回采巷道塑性区演化规律与冲击破坏机理研究[D].北京:中国矿业大学(北京),2018.

[71] 曹光明,镐振,刘洪涛,等.巨厚砾岩下回采巷道冲击破坏机理[J].采矿与安全工程学报,2019,36(2):290-297

[72] 刘洪涛,镐振,吴祥业,等.塑性区瞬时恶性扩张诱发冲击灾害机理[J].煤炭学报,2017,42(6):1392-1399.

[73] 张辉.倾斜煤层沿顶掘进回采巷道上帮煤体失稳机理与工程应用[D].焦作:河南理工大学,2009.

[74] 冯友良.煤巷围岩应力分布特征及帮部破坏机理研究[J].煤炭科学技术,2018,46(1):183-191.

[75] 殷帅峰,程志恒,孙福龙,等.基于断面尺寸效应的矩形巷道围岩稳定性研究[J].煤炭工程,2019,51(4):62-67.

[76] 范祥祥.深部泥质砂岩预应力锚杆支护参数对深部巷道帮部压缩拱影响分析[D].合肥:安徽建筑大学,2020.

[77] 张廷伟,谭文慧,范磊,等.平顶山矿区深部巷道围岩蝶形破坏机理及控制对策[J].湖南科技大学学报(自然科学版),2020,35(2):10-17.

[78] 贾后省,潘坤,刘少伟,等.采动巷道煤帮变形破坏规律与控制技术[J].采矿与安全工程学报,2020,37(4):689-697.

[79] 董方庭,宋宏伟,郭志宏,等.巷道围岩松动圈支护理论[J].煤炭学报,1994,19(1):21-32.

[80] 何满潮,李晨,宫伟力.恒阻大变形锚杆冲击拉伸实验及其有限元分析[J].岩石力学与工程学报,2015,34(11):2179-2187.

[81] BARTON N, GRIMSTAD E. Rock mass conditions dictate choice between NMT and NATM[J]. Tunnels and tunnelling,1994(10):39-42.

[82] 煤炭工业部科技教育司,等. 中国煤矿软岩巷道支护理论与实践[M]. 徐州:中国矿业大学出版社,1996.

[83] BROWN E T. Putting the NATM into perspective[J]. Tunnels and tunneling international,1981,13(10):13-17.

[84] 韩瑞庚. 地下工程新奥法[M]. 北京:科学出版社,1987.

[85] 侯朝炯,勾攀峰. 巷道锚杆支护围岩强度强化机理研究[J]. 岩石力学与工程学报,2000,19(3):342-345.

[86] 康红普,冯志强. 煤矿巷道围岩注浆加固技术的现状与发展趋势[J]. 煤矿开采,2013,18(3):1-7.

[87] 高延法,王波,王军,等. 深井软岩巷道钢管混凝土支护结构性能试验及应用[J]. 岩石力学与工程学报,2010,29(增刊1):2604-2609.

[88] 王琦,邵行,李术才,等. 方钢约束混凝土拱架力学性能及破坏机制[J]. 煤炭学报,2015,40(4):922-930.

[89] 程良奎. 喷射混凝土[M]. 北京:中国建筑工业出版社,1990.

[90] 段振西. 喷射混凝土支护理论的分析[J]. 煤炭科学技术,1974,2(5):43-48.

[91] 康红普. 我国煤矿巷道锚杆支护技术发展60年及展望[J]. 中国矿业大学学报,2016,45(6):1071-1081.

[92] 何富连,施伟,武精科. 预应力锚杆加长锚固应力分布规律分析[J]. 煤矿安全,2016,47(1):212-215.

[93] 吴拥政,康红普,吴建星,等. 矿用预应力钢棒支护成套技术开发及应用[J]. 岩石力学与工程学报,2015,34(A01):3230-3237.

[94] 段振西,阎莫明. 预应力锚索在煤矿软岩巷道加固工程中的应用[C]// 中国煤矿软岩巷道支护理论与实践. 徐州:中国矿业大学出版社,1996:115-127.

[95] 李家鳌,王圣公,崔惟精. 煤巷锚索支护技术[J]. 煤炭科学技术,1997,25(12):21-24.

[96] 康红普,林健,吴拥政. 全断面高预应力强力锚索支护技术及其在动压

巷道中的应用[J].煤炭学报,2009,34(9):1153-1159.

[97] 陆士良,汤雷,杨新安.锚杆锚固力及锚固技术[M].北京:煤炭工业出版社,1998:232-265.

[98] 王连国,李明远,王学知.深部高应力极软岩巷道锚注支护技术研究[J].岩石力学与工程学报,2005,24(16):2889-2893.

[99] 吕华文.破碎煤岩体钻锚注加固技术研究[D].北京:煤炭科学研究总院,2003.

[100] 吴志祥,赵英利,梁建军,等.预应力注浆锚索技术在加固大巷中的应用[J].煤炭科学技术,2001,29(8):10-12.

[101] 马振乾,杨英明,张科学,等.新型中空注浆锚索及其在动压巷道中的应用[J].煤炭科学技术,2015,43(7):15-19.

[102] 刘长武,陆士良.锚注加固对岩体完整性与准岩体强度的影响[J].中国矿业大学学报,1999,28(3):221-224.

[103] 李慎举,王连国,陆银龙,等.破碎围岩锚注加固浆液扩散规律研究[J].中国矿业大学学报,2011,40(6):874-880.

[104] 宋彦波,周奕朝.新型高聚物产品在煤矿生产中的应用[J].煤炭科学技术,2005,33(12):21-23.

[105] 黄庆享,赵萌烨,张强峰,等.含软弱夹层厚煤层巷帮外错滑移机制与支护研究[J].岩土力学,2016,37(8):2353-2358.

[106] 康红普,冯彦军.煤矿井下水力压裂技术及在围岩控制中的应用[J].煤炭科学技术,2017,45(1):1-9.

[107] 于斌,段宏飞.特厚煤层高强度综放开采水力压裂顶板控制技术研究[J].岩石力学与工程学报,2014,33(4):778-785.

[108] 闫少宏,宁宇,康立军,等.用水力压裂处理坚硬顶板的机理及实验研究[J].煤炭学报,2000,25(1):32-35.

[109] 邓广哲,王世斌,黄炳香.煤岩水压裂缝扩展行为特性研究[J].岩石力学与工程学报,2004,23(20):3489-3493.

[110] 黄炳香,程庆迎,刘长友,等.煤岩体水力致裂理论及其工艺技术框架[J].采矿与安全工程学报,2011,28(2):167-173.

[111] 于斌,高瑞,孟祥斌,等.大空间远近场结构失稳矿压作用与控制技术

[J].岩石力学与工程学报,2018,37(5):1134-1145.

[112] 冯彦军,康红普.定向水力压裂控制煤矿坚硬难垮顶板试验[J].岩石力学与工程学报,2012,31(6):1148-1155.

[113] 吴拥政,杨建威.煤矿砂岩横向切槽真三轴定向水力压裂试验[J].煤炭学报,2020,45(3):927-935.

[114] 吴拥政,康红普.煤柱留巷定向水力压裂卸压机理及试验[J].煤炭学报,2017,42(5):1130-1137.

[115] 康红普,冯彦军.煤矿井下水力压裂技术及在围岩控制中的应用[J].煤炭科学技术,2017,45(1):1-9.

[116] 康红普,冯彦军.定向水力压裂工作面煤体应力监测及其演化规律[J].煤炭学报,2012,37(12):1953-1959.

[117] H P,KANG. Understanding mechanisms of destressing mining-induced stresses using hydraulic fracturing[J]. International journal of coal geology,2018,196:19-28.

[118] 中国航空研究院.应力强度因子手册[M].增订版.北京:科学出版社,1993:323-324.

[119] 于骁中.岩石和混凝土断裂力学[M].长沙:中南工业大学出版社,1991:443-463.